光电信息科学与工程系列教材

LED背光源技术

LED BEIGUANGYUAN JISHU

主　编　文尚胜

副主编　季洪雷　陈恩果　倪俊雄

编　委　查　楠　李恭明　许怀书　郭俊秋

　　　　李泽龙　王汉锋　陈颖聪

华南理工大学出版社
SOUTH CHINA UNIVERSITY OF TECHNOLOGY PRESS
·广州·

图书在版编目（CIP）数据

LED 背光源技术 / 文尚胜主编. -- 广州：华南理工大学出版社，2025.3.
ISBN 978－7－5623－7671－2

Ⅰ．①L…　Ⅱ．文…　Ⅲ．①发光二极管-照明光源　Ⅳ．①TN383

中国国家版本馆 CIP 数据核字（2024）第 020409 号

LED 背光源技术

文尚胜　主编

出 版 人：房俊东
出版发行：华南理工大学出版社
（广州五山华南理工大学 17 号楼　邮编：510640）
http://hg.cb.scut.edu.cn　E-mail: scutc13@ scut.edu.cn
营销部电话：020－87113487　87111048（传真）
责任编辑：刘　锋
责任校对：王洪霞
印 刷 者：广州小明数码印刷有限公司
开　　本：787mm×1092mm　1/16　印张：9　字数：220 千
版　　次：2025 年 3 月第 1 版　印次：2025 年 3 月第 1 次印刷
定　　价：58.00 元

版权所有　盗版必究　　印装差错　负责调换

前 言

在信息技术和显示技术快速发展的时代，LED背光源已成为现代显示设备的核心组成部分。其凭借高亮度、低能耗、长寿命和环保等显著优势，广泛应用于智能手机、平板电脑、电视、显示器以及汽车仪表盘等领域。LED背光源技术的持续创新推动了显示设备的轻薄化、节能化和高性能化，同时为可持续发展提供了技术保障。随着Mini-LED和量子点技术的成熟与应用普及，LED背光源的性能与显示效果进一步提升，为高端显示市场提供了新的可能。本书旨在系统总结和介绍这一领域的最新进展与实践成果，为从事光电领域的技术人员、研究者和学习者提供有价值的参考。

全书从基础理论出发，涉及LED背光源的工作原理、主要组件、设计方法以及关键技术等内容。具体包括背光源的发展历程、光学系统构成与参数指标、侧入式和直下式背光源的结构设计，以及色域与光学计算方法。同时，书中对Mini-LED和量子点背光源等新兴技术进行了详细阐述，并展望了未来的发展方向。此外，考虑到光生物安全和蓝光危害对用户健康的影响，本书还特别讨论了防蓝光技术的评价与应用。

作为一本学术性与实用性兼具的书籍，本书在编写过程中力求内容严谨、条理清晰。希望本书的出版，能够帮助读者全面了解LED背光源技术的理论基础与实践方法，激发创新灵感，推动技术进步。众多学者和业内专家在本领域的研究成果，为本书提供了很大的支持，我们将这些研究成果于本书中进行了结构化的整理与阐述，力求其导向体系化和实践化，以提供更丰富的学术资料。

本书的构思及编写是整个团队集体努力的结果。参与本书编写的都是多年从事LED背光源设计的高校老师和企业技术高管，对LED背光源技术设计有着深入的了解。在编写过程中，参考了大量最新的研究成果与行业案例。本书由文尚胜主编，季洪雷、陈恩果、倪俊雄任副主编，参与编写的人员如下：查楠和李恭明主要参与了第6章白光OLED背光源介绍的编写，许怀书、郭俊秋、李泽龙主要参与了本书第2章～5章内容的编写，陈颖聪参与了部分书稿编写及书稿的校对。

在此，我谨向所有为本书付出心血的作者、编辑，以及提供支持的各界人士表示衷心的感谢！希望本书能为读者在专业领域的成长与探索中提供帮助，也期盼大家能对书中内容提出宝贵意见，以助我们在今后的工作中不断完善。

文尚胜
2024年12月

目 录

1 绪论 ·· 1
　1.1 背光源技术的发展历程 ··· 1
　1.2 背光源的分类 ·· 2
　　1.2.1 按光源入射方式分类 ··· 2
　　1.2.2 按光源类型分类 ··· 3
　1.3 LED 背光源技术 ··· 5
　　1.3.1 优点 ··· 5
　　1.3.2 缺点 ··· 6

2 背光源的基本组件及其参数指标 ··· 7
　2.1 液晶显示器的光学系统 ·· 8
　　2.1.1 LED 综述 ·· 8
　　2.1.2 LED 发光的基本原理及基础光学名词含义概述 ··· 8
　2.2 导光板 ··· 10
　2.3 扩散板 ··· 15
　2.4 光学膜片 ··· 16
　2.5 背光源光学检测参数 ·· 20
　　2.5.1 亮度 ··· 21
　　2.5.2 亮度均匀度 ·· 21
　　2.5.3 色度 ··· 22
　　2.5.4 色域 ··· 23
　　2.5.5 对比度 ··· 23
　　2.5.6 色温 ··· 23

3 LED 背光源的基本结构与设计 ·· 25
　3.1 侧入式背光源结构 ··· 25
　3.2 直下式 LED 背光源基本结构 ·· 30
　　3.2.1 直下式 LED 背光源简介 ·· 30
　　3.2.2 直下式 LED 背光源结构 ·· 30
　　3.2.3 直下式 LED 背光源发展现状与技术难题 ··· 32
　　3.2.4 技术发展的前景和趋势 ··· 33
　3.3 LED 模组光学设计 ··· 34
　　3.3.1 LED 模组中亮度计算与设计 ·· 34

· 1 ·

  3.3.2 直下式LED背光源模组的光学设计 ………………………………… 35
  3.3.3 侧入式LED背光源模组的光学设计 ………………………………… 37
 3.4 LED背光模组的色域及色坐标计算 ……………………………………………… 39
  3.4.1 计算流程 …………………………………………………………………… 40
  3.4.2 常见LED模组光学设计问题 …………………………………………… 43

4 Mini-LED背光源 …………………………………………………………………… 47
 4.1 前言 ……………………………………………………………………………… 47
 4.2 Mini-LED背光的定义 …………………………………………………………… 48
 4.3 Mini-LED背光技术在产品中的应用 …………………………………………… 49
 4.4 技术层面Mini-LED背光的难点 ………………………………………………… 51
  4.4.1 芯片技术的难点 …………………………………………………………… 51
  4.4.2 转移技术的难点 …………………………………………………………… 52
  4.4.3 缺陷管理的难点 …………………………………………………………… 52
  4.4.4 驱动技术的难点 …………………………………………………………… 52
  4.4.5 背板技术的难点 …………………………………………………………… 53
  4.4.6 颜色形成的技术难点 ……………………………………………………… 53
 4.5 芯片技术的难点 ………………………………………………………………… 53
  4.5.1 Mini-LED背光芯片工艺（衬底、外延、芯片）……………………… 53
  4.5.2 Mini-LED背光芯片架构（正装、倒装、垂直）……………………… 58
  4.5.3 Mini-LED背光芯片技术挑战 ………………………………………… 59
  4.5.4 Mini-LED背光芯片成本下降趋势预测 ……………………………… 59
  4.5.5 小结 ………………………………………………………………………… 60
 4.6 Mini-LED背光关键组件——转移技术 ………………………………………… 60
  4.6.1 转移方案介绍 ……………………………………………………………… 60
  4.6.2 转移方案良率及优劣势对比 ……………………………………………… 62
  4.6.3 转移方案应用案例 ………………………………………………………… 63
  4.6.4 小结 ………………………………………………………………………… 63
 4.7 Mini-LED背光关键组件——检测与修复 ……………………………………… 64
  4.7.1 Mini-LED背光检测与修复应用 ……………………………………… 64
  4.7.2 Mini-LED芯片制程中的检测与修复设备 …………………………… 64
  4.7.3 小结与展望 ………………………………………………………………… 67
 4.8 驱动技术的难点 ………………………………………………………………… 68
  4.8.1 AM驱动 …………………………………………………………………… 68
  4.8.2 PM驱动 …………………………………………………………………… 69
  4.8.3 AM驱动与PM驱动对比 ………………………………………………… 70
  4.8.4 Mini-LED背光驱动IC的技术挑战 …………………………………… 72
  4.8.5 Mini-LED背光驱动IC案例分析 ……………………………………… 73

4.8.6　Mini-LED 背光驱动未来发展趋势	74
4.8.7　小结	74
4.9　背板技术难点	75
4.9.1　PCB 基板	75
4.9.2　玻璃基板	76
4.9.3　小结	76
4.10　Mini-LED 背光关键组件——色转换材料	77
4.10.1　色转换原理，不同材料介绍	77
4.10.2　色转换不同材料对比（荧光粉、量子点、荧光粉+量子点）	77
4.10.3　色转换技术未来发展的趋势	78
4.10.4　小结	80

5　量子点背光源　82
- 5.1　前言　82
- 5.2　面向背光技术应用的量子点材料　83
- 5.3　基于量子点材料的背光技术　85
  - 5.3.1　量子点背光技术的封装结构简介　85
  - 5.3.2　量子点背光技术中的无机复合材料与工艺　86
  - 5.3.3　背光应用中的量子点光学膜发展现状　88
- 5.4　小结　94

6　白光 OLED 背光源介绍　95
- 6.1　OLED 介绍与发展　95
- 6.2　OLED 在显示和照明领域的应用　95
  - 6.2.1　OLED 在显示领域的应用　95
  - 6.2.2　白光 OLED 在照明领域的应用　96
- 6.3　OLED 相关理论基础　97
  - 6.3.1　有机半导体材料的发光原理　97
  - 6.3.2　有机半导体中的激子　98
  - 6.3.3　荧光与磷光　98
- 6.4　OLED 的工作原理与器件构成　99
  - 6.4.1　OLED 的工作原理　99
  - 6.4.2　OLED 的器件构成　101
- 6.5　OLED 的瓶颈问题　101
- 6.6　OLED 背光源技术　102
  - 6.6.1　背光源技术介绍　102
  - 6.6.2　OLED 背光源　102
  - 6.6.3　OLED 背光源关键技术　102

6.6.4　OLED背光源技术展望 …………………………………………… 104
6.7　白光OLED介绍 …………………………………………………………… 104
6.8　白光OLED的应用 ………………………………………………………… 104
6.9　白光OLED器件的性能参数 ……………………………………………… 106
6.10　白光OLED器件结构 …………………………………………………… 108
6.11　白光OLED显示性能提高 ……………………………………………… 111
6.11.1　改进白光显示器件结构 ……………………………………… 111
6.11.2　改进像素排列结构 …………………………………………… 112
6.11.3　提高光提取效率 ……………………………………………… 113

7　LED背光源的光生物安全性探讨 …………………………………………… 114
7.1　光生物安全 ………………………………………………………………… 114
7.1.1　光生物安全的背景介绍 ………………………………………… 114
7.1.2　光生物安全的评估要素 ………………………………………… 115
7.1.3　光生物安全对人的主要影响及危害 …………………………… 115
7.2　光生物安全的分类 ………………………………………………………… 116
7.3　光生物安全的特性参量 …………………………………………………… 117
7.4　光生物安全的评价方式和标准 …………………………………………… 118
7.4.1　光生物安全的评价方式 ………………………………………… 118
7.4.2　光生物安全的评价标准 ………………………………………… 119
7.5　蓝光危害 …………………………………………………………………… 120
7.6　蓝光危害的特性参量 ……………………………………………………… 122
7.7　蓝光危害的评价方式和标准 ……………………………………………… 123
7.8　防蓝光技术的介绍 ………………………………………………………… 124
7.9　防蓝光技术的评价指标 …………………………………………………… 124
7.10　防蓝光技术的类型 ……………………………………………………… 125
7.11　软件防蓝光技术的优劣 ………………………………………………… 128
7.12　硬件防蓝光技术的优劣 ………………………………………………… 129
7.13　防蓝光技术对于显示器色彩表现的影响 ……………………………… 131
7.14　防蓝光技术对显示器色彩影响的评价指标 …………………………… 131
7.15　防蓝光技术的实用性评价和技术展望 ………………………………… 132

1 绪 论

1.1 背光源技术的发展历程

背光源(backlight)是位于液晶显示器(LCD)背后的一种光源,它的发光效果直接影响液晶显示模块(LCM)的视觉效果。液晶显示器本身并不发光,它显示的图形是对光线调制的结果。

背光源最早产生于二战期间,用于军用设备上的仪表显示,当时使用超小型钨丝灯作为飞机仪表的背光源;20 世纪六七十年代出现了粉末电致发光的背光源;20 世纪 80 年代人们研制出半导体 LED 背光源。之后,如液晶显示器的非自主发光器件问世,需要大尺寸及长寿命的背光模组提供背光。伴随着薄膜晶体管液晶显示器技术的成熟,冷阴极荧光管(CCFL)应运而生,并在 20 世纪末 21 世纪初占据统治地位。CCFL 具有管径细(可小于 2 mm)、亮度高和工作电流小等优点,但显示品质有很多不足,例如存在显示清晰度不高、色彩饱和度有限、光效低、寿命时间短、亮度调整范围小、能耗大、响应时间长、安全系数低和含汞有害气体(不环保)等缺陷。

2004 年,SONY 率先将发光二极管(light emitting diode,LED)背光技术产品化,尽管这些产品都存在功耗高、发热量大和价格高昂的缺陷,但 LED 在显示质量方面的优势得到了充分体现。LED 因具有宽色域、高亮度和节能环保等特点,已经取代了 CCFL 的市场地位,成为现在背光源行业的主流选择。

纳米量子点作为一种最新型的半导体荧光材料,具有发光效率更高、使用寿命更长和颜色纯度更好等优点,成为取代传统荧光粉的研究热点。2014 年,在西班牙巴塞罗那召开的世界移动通信大会(WMC2014)上,SONY 发布了当时的旗舰手机 Xperia Z2,其 LCD 正是采用了量子点技术,显示效果甚佳。

成本低、性能优越的量子点电视相较于昂贵的 OLED 技术更符合消费市场的需求,LG Display 和 Samsung Display 已经正式宣布量产量子点电视。2014 年深圳高交会期间,康佳展示了多款基于量子点光管技术的 55 英寸(1 英寸 = 2.54 cm)超薄型量子点电视,并计划量产量子点电视。从显示效果来看,量子点电视在成熟的液晶技术上实现了飞跃式提升,高色域节能环保的量子点电视有望成为未来的新宠。

OLED 与 LED 都是半导体电-光转换器件,且 LED 背光源技术对于 OLED 背光源也同样适用,但两者也有一些区别:LED 是一种无机点光源,需要采用 MOCVD 技术制备,制作价格昂贵,而 OLED 是一种有机面光源,通常采用喷墨打印、真空蒸镀和旋转涂布等技术制备,成本较低。OLED 背光源具有广色域、耐冲压、低电压、高亮度、轻薄和低功耗等特性。它是一种反射式的二维面光源,其阴极金属层是具有高反射率的镜面反射层,所以它不需要导光板、散光板等辅助光学配件就可以将发射层发出的光直接反射到液晶显示屏上。

OLED 背光源仅仅发展了十几年，但已经有了很大的进展。比如在使用寿命与光源的发光效率方面，OLED 背光源已经克服了使用初期寿命短、光效率低的问题。如今全球各大背光源厂商都在制作生产 LCD 时运用 OLED 背光源技术。OLED 背光源技术在液晶显示器的背光模块和固态照明领域都有很大的发展空间，与 LED 背光源技术在这方面的差距也越缩越小。OLED 拥有许多 LED 所不具备的特性，例如白光材料多样、成本低廉与制作过程简单，尤其是其面光源的属性，因此 OLED 背光模块在 LCD 背光模块的应用中有着非常广阔的市场前景。

随着科技不断进步，背光源技术逐渐提升完善，越来越多类型的背光源涌现出来。特别是在 LCD 技术日趋成熟的今天，背光源行业得到了快速的发展。背光源技术目前已被广泛应用于计算机显示、LCD、指示牌等多个领域。目前，背光技术已经覆盖光学、电学、化学等各个方面，并逐渐发展成为一个新的研究热点。

1.2 背光源的分类

背光源种类很多，优点各异，按照背光源的光源入射方式来分，可以分为侧入式和直下式；按照背光源的光源类型来分，可以分为气体放电灯背光源、LED 背光源、场致放光片背光源、量子点背光源和 OLED 背光源等。

1.2.1 按光源入射方式分类

1. 侧入式背光模组

侧入式背光是把 LED 灯条贴在铝挤板上，光源配置在背光模组的侧边的一种类型的背光模组，发光源发出的光经过导光板的全反射和折射作用将光线打散均匀化，再配合光学膜片使光线高亮、均匀照亮整个液晶屏，为 panel 提供均匀高亮平面光源的功能组件。

其基本组成包括背板、胶框、LED 灯条、反射片、导光板、光学膜片等。结构示意图如图 1-1 所示。

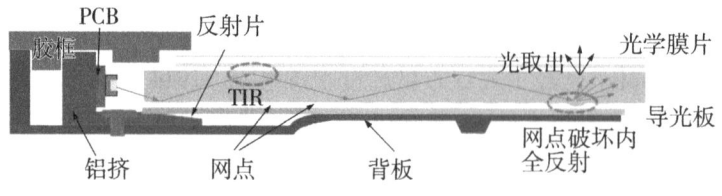

图 1-1 侧入式背光模组结构示意

2. 直下式背光模组

直下式背光是把 LED 灯珠均匀分布在液晶面板的正下方作为光源，LED 发出的光经过透镜将光型扩散后，再配合光学膜片使点光源转化为均匀的面光源，为 OC 提供均匀面光源的功能组件。

其基本组成包括背板、胶框、LED灯条、灯支撑、反射片、扩散板、光学膜片等，具体架构如图1-2所示。

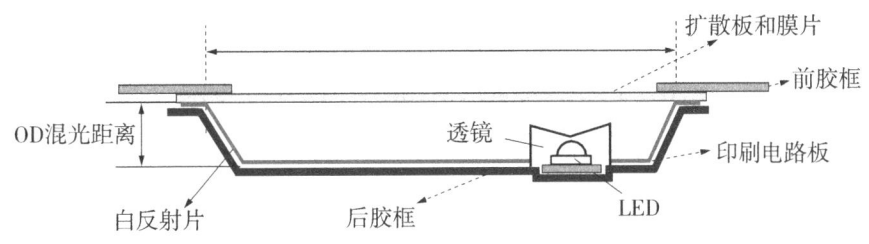

图1-2 直下式背光模组结构示意

直下式LED Bar组件包含PCB、LED、LENS和连接器，PCB提供固定、散热及电气导通支持，LED为发光部件，LENS将光源光型扩散。

直下式背光和侧入式背光作为两种常见的LED背光源类型，各有优缺点：

首先，直下式背光源的优点是亮度均匀、色彩还原度高，同时容易控制，可以实现局部亮度调节。但直下式背光源的缺点也很明显，它的厚度较大，会增加显示器的整体厚度，而且多分区直下式背光的成本也比较高。目前直下式背光方案主要应用于大尺寸的显示，在电视产品中占据主流。

相比之下，侧入式背光源的厚度更薄，成本也相对较低，但亮度均匀性和色彩还原度要稍逊于直下式背光源。此外，侧入式背光源也容易出现光源漏光的问题。因为具有轻薄的优点，所以侧入式背光主要应用于中小尺寸、可移动式终端产品。

行业中直下式背光源和侧入式背光源的应用随应用场景的不同而不同，但是随着技术的不断发展，直下式背光源的优势越来越明显，尤其是随着近年来量子点背光和Mini-LED背光方案的应用，它的市场份额也在逐渐增加。直下式背光源有望成为主流，因为它可以实现更高的亮度和更好的色彩还原度，同时随着Mini-LED方案的不断普及，也可以更好地适应薄型化的显示器设计。直下式背光源就像是一位高水平的烹饪大师，可以精准地掌控每种食材的烹制方法，做出色香味俱佳的美食。而侧入式背光源则像是一位普通的家庭厨师，虽然也可以做出美味，但是难以达到高水平的烹饪要求。

1.2.2 按光源类型分类

背光源一般为冷光源。相较于传统的热光源，冷光源具有体积小、发热少的优点，因而更有益于实际使用。本节将对几种主要的光源进行分类描述。

1. 冷阴极管(CCFL)

气体放电荧光灯是背光源常见的一种选择。冷阴极管(CCFL)是一种常用的气体放电荧光灯。它的工作原理(图1-3)与传统的荧光灯管的热阴极灯相似。在CCFL中，高速运动的电子与灯管内的汞蒸气碰撞，使汞蒸气处于激发态，然后通过自发辐射放出波长为253.7 nm的紫外线光。这些紫外线光与灯管内壁的荧光粉相互作用，从而产生白光。

相比于热光源，冷光源的工作原理不需要加热灯丝，而是利用电场来控制界面的势能变化，使阴极内的电子将势能转换为动能并向外发射。因此，与热阴极方式相比，冷阴极管更省电、光效更高、寿命更长,而且显色性更好。

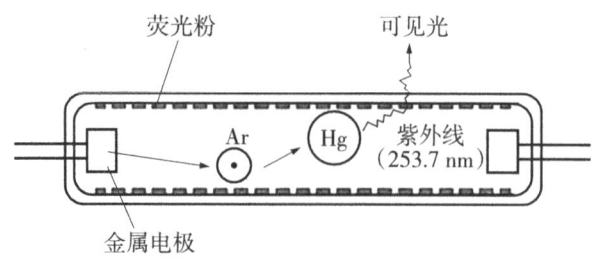

图 1-3 CCFL 工作原理

然而,随着技术的不断发展,CCFL 也暴露出一些缺点。首先是色域方面的问题。CCFL 背光源液晶显示器所能达到的色域一般只能刚好满足美国国家电视系统委员会(NTSC)标准 72% 的要求,对画面的表现力相对较弱。其次,CCFL 灯管中含有汞,这不符合未来环保的要求。特别是欧盟对产品中含有汞等有毒物质有严格的规定。此外,CCFL 的响应时间较慢,而且在实现高亮度时需要较高的电压条件,不安全且不节能。

基于以上考虑,LED 背光源逐渐成为显示行业的主流选择。LED 背光源具有许多优势。①LED 具有更高的亮度和更好的色彩还原度,可以提供更出色的画质和显示效果;②LED 背光源具有可调光性和局部亮度调节的能力,使得显示器能够更好地适应不同环境和需求;③LED 背光源具有更长的寿命、更低的能耗和更小的体积,这使得它更适合于各种应用场景。

2. 发光二极管(LED)

LED 是一种常用的发光器件,通过电子与空穴复合释放能量从而达到发光效果。如图 1-4 所示,其内部结构十分简单,将发光半导体材料制作成芯片的内芯,然后用树脂等材料进行密封保护,所以发光二极管具有良好的抗振动特性。该器件的核心部件为 P 型和 N 型两种半导体。这两种半导体接触的界面会成为 PN 结。当 P 型半导体接正极,N 型半导体接负极,即外

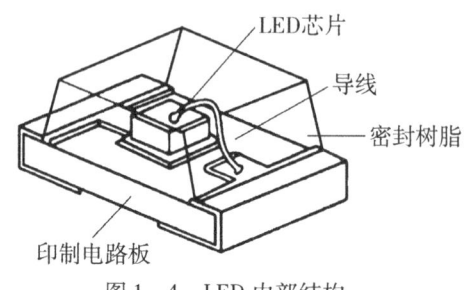

图 1-4 LED 内部结构

加正向偏压时,N 区中的电子与 P 区中的空穴在外电场作用下会同时向 PN 结运动,并在 PN 结附近复合发光。因为半导体材料不同,电子与空穴复合释放所产生的能量也不一样。PN 结两端施加正向电压时,电流从 LED 阳极流向阴极,半导体可以发出紫外到红外不同颜色光,光的强弱取决于电流大小。但当施加反向电压时,载流子难以注入,不发光。

1) 量子点-发光二极管(QD-LED)

在利用量子点技术制作背光源时,通常需要两种能在蓝光照射下同时生成红光和绿光的量子点材料,并把这两种量子点材料密封封装在同一张薄膜内。无论是侧入式 LED 背光源还是直下式 LED 背光源,只需要用纯蓝色 LED,并在背光源模组里添加一张量子点薄膜即可。通过调节红光与绿光两种量子点的数量与比例就可以与剩下的蓝光混合得到白

光。目前美国 3M 公司所研制的量子点增强薄膜,已经开始在美国市场上出售。而使用量子点增强薄膜的量子点电视,只要调整好红色与绿色量子点的浓度和比例,再加上剩余蓝光就可以融合成白光。目前美国 3M 公司所研制的量子点光增强膜已经上市。使用量子点光增强膜的量子点电视,技术上与原 WLED 电视技术一致,这将很大程度上加速产品面世的时间。与此同时,利用量子点技术得到的光要比原 RGB-LED 得到的光纯度更高,得到的背光源色域也比 LED 背光源广,NTSC 可以达到 100%。量子点背光的设计,在稳定性和效能方面都实现了前所未有的突破。

2)有机发光二极管(OLED)

OLED 背光是一种具有高亮度、宽色域、耐冲压、低电压、轻薄、低功率等特点的反射型平面光源,其阴极金属层为高反射率的镜面反射层,所以 OLED 背光不需要导光片和散光片等导光、匀光辅助光学元件,可以将发光层的光直接发射到液晶显示器上,非常适合液晶显示器的背光需求。

1.3 LED 背光源技术

LED 制作的背光源寿命长(超十年)、节能、色域广、无危害、体积轻便,而传统类型的液晶显示器背光源寿命短、能量利用率低、功耗高,因此逐渐被 LED 背光技术取代。LED 背光技术成为当前背光源技术类型的主流。如今,LED 背光技术主要有三色 RGB-LED 和单芯片普通白光 LED 两种。前者与动态分区背光技术相结合,使显示器颜色和对比度相较于传统背光有了很大的提高,在高端电视中得到广泛的应用。后者是一种常见的 LED 背光源,常应用于笔记本电脑和 LCD。按光源的位置分类,背光源分为侧入、直下和中空三种类型结构。普通白光 LED 背光通常采用边缘侧入光结构,而 RGB-LED 通常采用背面直射光结构。

1.3.1 优点

LED 背光源的优势不局限于体积小、光源平面化、色彩表现能力强和环保节能,还包括寿命长和可靠性高。这些优势使得 LED 背光源在 LCD 显示技术的应用场景中得到极大扩展。

(1)LED 背光源具有长寿命和高可靠性。LED 背光源的寿命远远超过传统背光源,其平均寿命可达到数万小时甚至更长。这是因为 LED 背光源采用固态发光原理,不含易损件,不会因灯丝烧断或气体泄漏而损坏。相比之下,传统背光源如 CCFL 背光源存在易损件和灯丝烧断的问题,寿命较短且易受外界因素影响。

(2)LED 背光源的可靠性还体现在其稳定性和抗振动性方面。LED 背光源具有快速启动、无频闪和无热辐射等特点,能够在瞬间达到最佳亮度,不会出现频闪现象,大大减少了对人眼的刺激。此外,LED 背光源采用固态结构,具有较强的抗振动性能,能够在恶劣环境下稳定工作,不易受外界振动影响,确保显示画面的稳定性和清晰度。

(3)LED 背光源的优势不仅体现在其技术特点上,还能极大扩展 LCD 显示技术的应用场景。比如在电视领域,LED 背光源的高亮度和广色域能够呈现出更鲜艳、更细腻的画面,让观众享受更逼真的视觉体验。在监控领域,LED 背光源的快速启动和稳定性能确保监控画面的实时性和清晰度,提高监控系统的可靠性和效果。在医疗领域,LED 背光源的无频闪和无热辐射特点让医疗设备的显示更加安全可靠,有助于医生准确诊断和治疗。在汽车领域,LED 背光源的高亮度和抗振动性能使得汽车显示屏能够在各种复杂路况下保持清晰稳定的显示效果,提高驾驶安全性。

综上所述,LED 背光源的优势不仅包括体积小、光源平面化、色彩表现能力强和环保节能,还具有寿命长和可靠性高的特点。这些特点使得 LED 背光源在 LCD 显示技术的应用场景中得到广泛扩展,并在电视、监控、医疗和汽车等领域发挥着重要作用。LED 背光源的优势和应用前景,推动 LED 背光源在显示行业的进一步发展。

1.3.2 缺点

当然,LED 背光源在目前的使用中也存在着一些问题亟待解决。

(1) LED 背光源的核心器件制造技术目前由国外企业垄断,导致实际生产成本居高不下。这使得 LED 背光源的液晶显示器件成品价格相对较高,比使用传统背光源的产品要昂贵一些。这是因为高性能的 LED 芯片制造工艺非常复杂,需要高精度的设备和技术,而这些技术目前主要由国外企业掌握。因此,要想降低 LED 背光源的成本,我们需要加强自主创新,提高国内制造技术水平。

(2) LED 背光源的技术工艺还需要进一步优化。当 LED 背光源的发光面积增大时,芯片面积也会相应增大,这容易导致电流密度不均匀的问题。相比之下,传统的冷阴极荧光灯发光效率可以达到 100 lm/W,而 LED 背光源的发光效率相对较低。此外,LED 背光源在工作过程中会产生较多的热量,导致发热问题比较严重。因此,我们需要进一步研究和改进 LED 背光源的技术工艺,提高其发光效率和降低发热问题。

(3) 随着全球液晶显示器行业的迅速发展,对背光模组的需求也在不断增长。而作为新兴技术的 LED 背光源,在显示亮度和亮度均匀性方面还有提升的空间。目前,LED 背光源在亮度均匀性方面存在一定的差异,有些区域的亮度较高,而有些区域的亮度较低。这会影响显示画面的质量和观看体验。因此,我们需要进一步改进 LED 背光源的设计和制造工艺,提高其亮度均匀性,以满足用户对高质量显示的需求。

(4) 近年来,LED 蓝光危害也越来越受到关注。LED 背光源中的蓝光辐射对人眼有一定的伤害,长时间暴露在高强度的蓝光照射下,可能导致眼睛疲劳、视觉疲劳甚至视网膜损伤。因此,在设计 LED 背光源时,需要采取一些措施来减少蓝光辐射对人眼的影响,比如使用光学滤光片来降低蓝光的强度,或者采用 PWM 调光技术来降低蓝光的亮度。同时,用户在使用 LED 背光源的产品时,也应该注意适当控制使用时间,避免长时间暴露在蓝光照射下。

综上所述,虽然 LED 背光源在液晶显示技术中具有许多优势,但仍然存在一些问题需要解决。通过加强自主创新,优化技术工艺,提高 LED 背光源的发光效率和降低发热问题,改进亮度均匀性,减少蓝光辐射对人眼的影响,我们可以进一步推动 LED 背光源的发展,使其在显示行业中发挥更大的作用。

2 背光源的基本组件及其参数指标

液晶电视由液晶屏和背光源两部分组成。液晶屏由两块玻璃板组成，中间填充有液晶分子，通过在液晶分子中加电来控制液晶分子的取向，从而调节光的透过程度，实现图像的显示。而背光源则是为了提供光源，使得液晶屏能够显示出清晰的图像。

LED 背光源是目前应用最广泛的背光源之一，主要由光源、导光板、上下扩散膜、反射膜、保护膜以及用来固定的胶框组成。LED 作为光源，具有能量转换效率高、寿命长、体积小等优点，因此被广泛应用于背光源中。

导光板是背光源中非常重要的组成部分，其作用是将 LED 发出的光线均匀地分布到整个液晶屏上。导光板通常由有机玻璃或 PC 材料制成，表面具有微小的凸起和凹陷，以实现光线的扩散和均匀分布。此外，导光板还需要考虑光的损耗问题，因此通常会在板的边缘加上斜面，以减少光的反射和损失。

上下扩散膜是用来控制背光源的亮度和均匀性的重要部分。在液晶屏的上下两端分别放置一层扩散膜，其作用是将背光源发出的光线均匀地分布到整个液晶屏上，并且控制光的亮度。扩散膜通常由 PET 材料制成，其表面有一定的纹理，以实现光线的扩散和均匀分布。

反射膜是用来提高背光源效率的重要部分。反射膜通常放置在 LED 光源的底部，其作用是将 LED 发出的光线反射回导光板中，以提高光的利用率。反射膜通常由铝箔或白色 PET 材料制成。

保护膜是用来保护背光源的重要部分。保护膜通常覆盖在导光板和上下扩散膜的表面，以防止灰尘、污渍等杂质对背光源的影响。保护膜通常由 PET 材料制成。

胶框是用来固定背光源的重要部分。胶框通常由塑料材料制成，其作用是将导光板、上下扩散膜、反射膜和保护膜固定在一起，以保证背光源的稳定性和可靠性。

总之，LED 背光源是液晶电视中不可或缺的零部件之一，其作用是为液晶屏提供稳定的光源。由光源、导光板、上下扩散膜、反射膜、保护膜以及用来固定的胶框组成，如图 2-1 所示。其中，导光板、上下扩散膜、反射膜和保护膜等部分都具有重要的作用，可以实现光线的扩散和均匀分布，提高背光源的效率和稳定性。

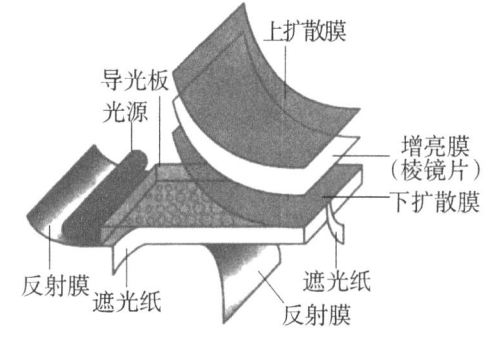

图 2-1 背光源的结构

2.1 液晶显示器的光学系统

液晶显示技术是目前应用最广泛的显示技术之一,其核心部分是液晶屏。液晶屏的光学系统由第一偏光片、液晶单元、彩色滤光片和第二偏光片(分析器)等部分组成,每一个点元上均安装一个 RGB 彩色滤光片。从光源发出的光通过偏振片和滤光片后,只输出部分特定波长的光,从而实现图像的显示。

在液晶显示系统中,首选是显示器件与光源器件相分离的显示技术。这种技术的优点在于,可以根据不同的需求选择不同的光源器件,从而实现更加灵活和高效的显示效果。在光源器件中,又可以大致分为发光器件、增光器件、导光器件、均光器件和反光器件,这几种功能器件相互组合,构成液晶显示的光学系统。

发光器件是液晶显示系统中最基本的光源器件,其主要作用是提供光源。目前应用最广泛的发光器件是 LED 灯条,具有能量转换效率高、寿命长、体积小等优点,因此被广泛应用于液晶显示中。

增光器件是用来增强光源亮度的重要部分。增光器件通常包括增亮片、DBEF 膜片等,其作用是将光线反射或折射,从而增强光源的亮度。比如,增亮片可以将光线反射回导光板中,从而提高光的利用率,DBEF 膜片则可以将光线折射,从而增强光源的亮度。

导光器件是用来将点光源或线光源转变为面光源的重要部分。导光器件通常包括导光板等,其作用是将光线均匀地分布到整个液晶屏上。导光板通常由有机玻璃或 PC 材料制成,表面具有微小的凸起和凹陷,以实现光线的扩散和均匀分布。

均光器件是用来使光源亮度分布更加均匀的重要部分。均光器件通常包括扩散片和扩散板等,其作用是使光线的亮度分布更加均匀。扩散片和扩散板通常由 PET 材料制成,其表面有一定的纹理,以实现光线的扩散和均匀分布。

反光器件是用来提高光源利用率的重要部分。反光器件通常包括反射片等,其作用是将光线反射回导光板中,从而提高光的利用率。反射片通常由铝箔或白色 PET 材料制成。

总之,液晶显示的光学系统由多种功能器件相互组合而成。这些器件可以分为发光器件、增光器件、导光器件、均光器件和反光器件几类,每一类器件都有其独特的作用。通过这些器件的相互配合和协作,才能实现液晶显示高效、稳定和清晰的显示效果。可以将这种组合比喻为一台复杂的乐器,每个器件都是其中不可或缺的一部分,只有它们相互配合,才能奏出美妙的音乐。

2.1.1 LED 综述

LED 是一种将电能转换为光能的固体电致发光(EL)半导体器件,核心是 LED 芯片,封装形态各异,应用广泛,包括背光源、通用照明、特种照明(交通灯、指示灯等)、显示屏、医疗等。

2.1.2 LED 发光的基本原理及基础光学名词含义概述

LED 发光二极管由一个 PN 结组成,具有单向导电性。当给发光二极管加上正向电压后，从 P 区注入 N 区的空穴和由 N 区注入 P 区的电子，在 PN 结附近数微米内分别与 N 区的电子和 P 区的空穴复合，产生自发辐射的荧光。不同的半导体材料中电子和空穴所处的能量状态不同，当电子和空穴复合时，释放出的能量越多，则发出的光的波长越短，如图 2-2 所示。

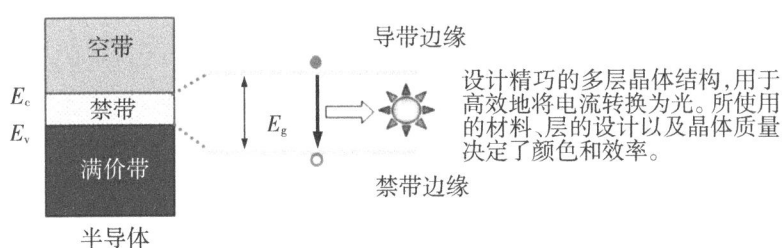

图 2-2　PN 结发光原理示意

LED 发白光的原理为不同波长的光谱进行混合后，最终实现色点为白光色点的光谱。主要实现方式为：蓝+绿+红光 LED、蓝光 LED+绿光 LED+红色荧光粉、蓝光 LED+黄色荧光粉、蓝光 LED+绿色荧光粉+红色荧光粉，根据整机要求的亮度与色域及 LED 本身的光效等因素来进行选择设计，如图 2-3 所示。

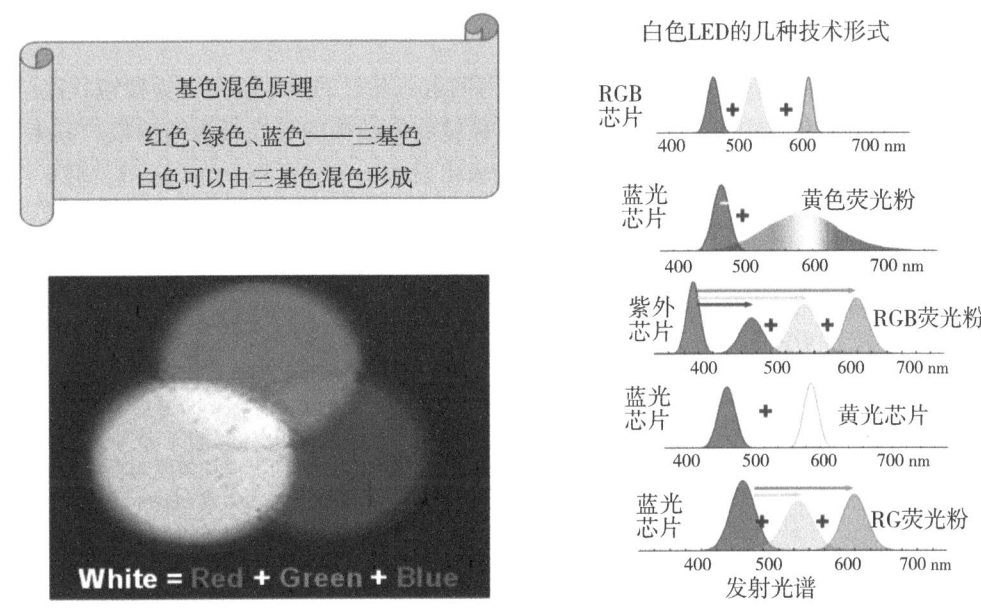

图 2-3　LED 发白光原理示意

如图 2-4 所示为正装 LED 结构组成示意图，LED 一般由支架、芯片、金线、固晶胶、荧光粉胶、荧光粉及 zener diode 组成。

芯片
封装胶
导线
支架

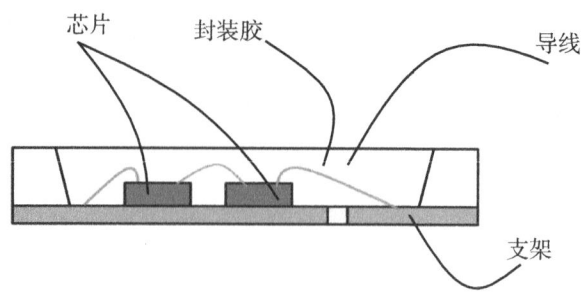

图 2－4　LED 结构示意

2.2　导光板

导光板(light guide plate，LGP)主要使用在侧入式液晶显示模组上，其成品导光板在侧入式液晶显示模组中起到导光和均光的作用，是侧入式背光模组的核心部件。LCD 本身不能发光，其均匀化的光源主要靠 LGP 上设计不同比例分布的网点(pattern)将其线光源或是点光源转换成面光源，最终实现扩大发光面和减少光的损失效果。

按形状可以分为平板和楔形板。以光线从入光侧射向远光侧的方向为线将导光板竖直截开，其截面为长方形的为平板导光板，其截面为一边厚一边薄(楔形)形状的为楔形导光板。目前主流的导光板形式为平板导光板。

按表面有无微结构(非前面所述导光板散射网点，此处的微结构主要为棱镜状微结构)可以分为结构板和非结构板。上表面上分布有棱镜状微结构的导光板为结构板，其上的微结构可以起到一定的拢光作用，使光线在导光板出射面正前方汇集，提高正视亮度。

其原理如图 2－5 所示。

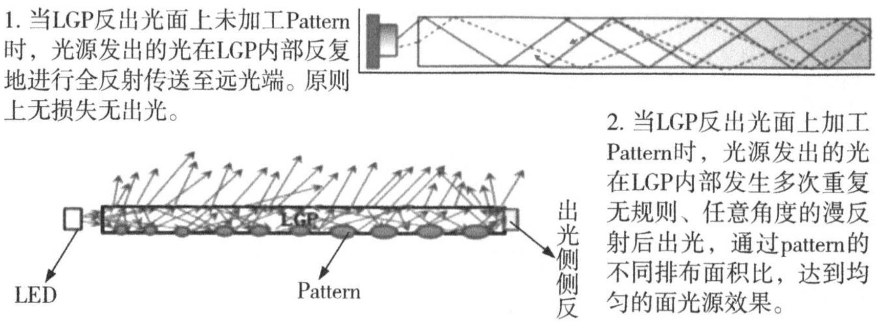

1. 当LGP反出光面上未加工Pattern时，光源发出的光在LGP内部反复地进行全反射传送至远光端。原则上无损失无出光。
2. 当LGP反出光面上加工Pattern时，光源发出的光在LGP内部发生多次重复无规则、任意角度的漫反射后出光，通过pattern的不同排布面积比，达到均匀的面光源效果。
LGP
LED
Pattern
出光侧侧反

图 2－5　导光板原理

导光板工作原理：导光板是侧入式背光模组中的核心部件，将点光源或者线光源转变为面光源，通常侧入式液晶显示器的背光模组的光源由 LED 灯条提供。目前大多数的液晶显示器的形状为矩形，对于小尺寸显示器来说一般是单短边入光形式，采用这种方式可以减少 LED 灯数量，从而降低 LED 灯条的功耗和发热量，但对于大尺寸显示器来说通常采用双短边入光或单长边入光。光线由 LED 射出，通过导光板侧面耦合进其内部，相当一部分光线并不会在导光板上、下表面射出，而是在导光板内发生全反射。

全反射，即全内反射，是指光线在光密介质(光在此介质中折射率较大)射向光疏介质(光在此介质中折射率较小)时，光不射出并且全部返回原介质中的现象。例如，当光线在导光板内传输时，PMMA(聚甲基丙烯酸甲酯)导光板的光折射率为1.49(相当于光密介质)，空气的光折射率为1(相当于光疏介质)，满足了全反射发生的必要条件，但不是所有在导光板内传输的光线都能发生全反射，只有那些满足特定角度入射的光线才能发生，可以通过以下步骤来计算光线发生全反射的角度。全反射示意图如图2-6所示。

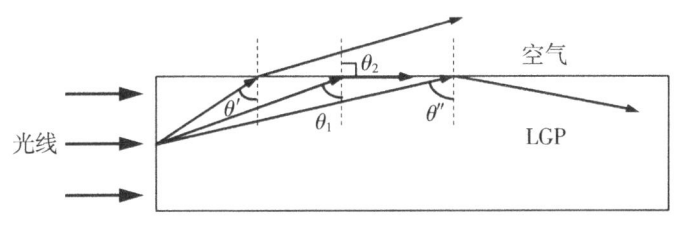

图2-6 全反射示意

光线在不同介质之间传播时满足折射定律(即斯涅耳定律)

$$\sin\theta_1 \cdot n_1 = \sin\theta_2 \cdot n_2 \tag{2-1}$$

光线从光密介质射向光疏介质时，会发生光线偏离法线的现象。在导光板内，当入射光以一个恰到好处的角度由导光板(光密介质)射向空气(光疏介质)时，其折射光线正好与导光板和空气的界面平行，那此时的入射光线与法线的夹角θ_1称为临界角。

通过上述斯涅耳定律，可以计算此处临界角，n_1为导光板光线折射率(此处以PMMA材料为例进行说明，光线在PMMA材料内的折射率为1.49，θ_1为光线入射角，n_2为空气中光线折射率(空气中光线折射率为1)，θ_2为光线折射角。

当在全反射的临界条件下，计算得出入射角约为42.2°。因此，只要光线的入射角≥42.2°，则可以在导光板内进行全反射。

导光板正是利用这个原理，使得光从导光板一个侧面射入后在导光板内部充盈起来。但此时的导光板并不能将光线由点光源或者线光源转变成均匀分布的面光源，还需要在导光板的上表面或者下表面加工印刷或雕刻上微结构阵列(即导光板散射网点)，以此来破坏光线的全反射，使得光线在导光板上特定的部位射出，从而形成较为均匀的出光，以提供最佳的液晶所需背光。但微结构阵列(散射网点)的排布不是一成不变的，而是有一定规律的，这就需要研究导光板散射网点的分布规律。

导光板材质种类包括以下几种：

普通LGP材质：PMMA(聚甲基丙烯酸甲酯)俗称亚克力

MS(苯乙烯共聚物)

Polycarbonate(简称PC)聚碳酸酯

玻璃LGP材质：硼硅酸盐(Borosilicate)

铝硅酸盐(aluminosilicate)

普通导光板材质性能如表2-1所示。

表 2-1 普通导光板材质性能对比

特性	PMMA	MS
引张强度/(kg/cm²)	720	680
弯曲强度/(kg/cm²)	1 220	1 050
IZOD 冲击强度/(kg-cm/cm)	2.5	2
比重/(g/cm³)	1.19	1.12
吸湿膨胀率/‰	3.5	1.5
全光透光率/%	92~94	90~92
热变形温度/℃	95	86
软化温度/℃	113	105
燃烧率	HB	HB
热膨胀率/(μm/m·℃)	80	75

1. MS 材料导光板特性说明

MS 材料热膨胀特性与 PMMA 相同,吸湿膨胀量约为 PMMA 的 1/3(PMMA 吸湿膨胀率:3.5‰左右;MS 吸湿膨胀率:1.5‰左右)。

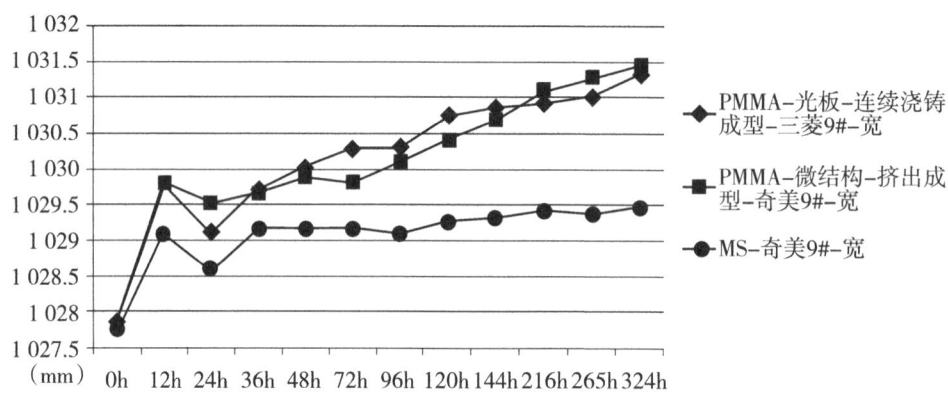

图 2-7 不同材质导光板 40℃、93% RH 储存膨胀曲线

2. Glass 材料导光板特性

Glass LGP 的主要特性为刚性强,没有吸湿膨胀问题,耐温性好;其不足之处主要是光效利用率低(同样条件相下比 MS 材质低 16% 左右),色差相对 MS/PMMA 更高,网点加工选择受限,目前仅有印刷工艺和贴合导光板膜方式。

玻璃导光板设计形状受限:仅能是矩形设计,防呆棱边倒角 C 设计为 0.1 mm。

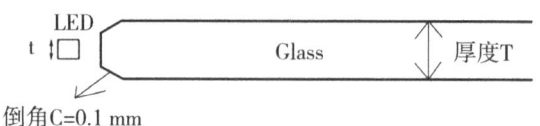

图 2-8 玻璃导光板外形

3. 不同材质 LGP 对比(表 2-2)

表 2-2 不同材质导光板性能对比

材质	优 势	劣 势	使用机型
PMMA	①透光率佳，辉度高； ②硬度佳耐磨性强； ③耐温性比 MS 材料佳	①吸湿膨胀率大； ②热膨胀系数大； ③密度大，单价相对 MS 高	单边入光机型 非窄边框机型
MS	①吸湿膨胀率小； ②热膨胀系数相对 PMMA 小； ③密度相对 PMMA 小，单价相对低	①透光率相对 PMMA 低，亮度偏低，4%～6%； ②硬度低，耐磨性差； ③耐温性不佳	超窄边框机型 无边框机型
Glass	①刚性强； ②吸湿膨胀率超小； ③耐温性能佳	①光效利用低(同等厚度相对 MS 低 16% 左右)； ②色差表现不如 MS； ③密度大，成本费用高	超窄边框机型 无边框机型 背板结构强度弱机型

4. 导光板网点各加工工艺简单对比(表 2-3)

表 2-3 不同导光板加工工艺对比

网点加工方式	优 势	劣 势	适用机型
印刷	①技术成熟，稳定； ②加工效率较快； ③开发成本较低	①LGP 网点设计大小受限(网点直径≥0.25 mm)； ②LGP 厚度受限(厚度≥2 mm)； ③环保性差； ④印刷光学稳定性及良率管控麻烦； ⑤生产加工耗材使用多； ⑥开发速度 2～3 天/次	①非薄化设计产品(LGP 厚度≥2)； ②A/P≥0.65 mm 的产品(且膜片数量≥3 张的架构方案)； ③玻璃导光板产品； 传统技术，现在基本不使用
激光	①技术成熟，稳定； ②开发成本低，开发速度快(2H/次)； ③网点相对印刷设计比较小(网点直径≥0.1 mm)； ④环保	①加工效率低； ②激光机台成本费用较高； ③线状式网点易可见和产生干涉条纹； ④必须与大粒子(D≥0.03 mm)的反射片匹配使用	①非超薄化设计产品(LGP 厚度≥1)； ②膜片数量≥3 张的架构方案； 针对特殊机型使用技术

续表

网点加工方式	优 势	劣 势	适用机型
热压	①网点设计达到极致化(网点直径≥0.03mm),能实现极致化膜片架构方案设计; ②生产效率高; ③技术渐趋成熟,且生产光学稳定性及制程良率佳; ④环保	①开发成本高,开发速度2～3天/次; ②热压加工工艺配套设备成本费用昂贵; ③必须与大粒子(直径≥0.03mm)的反射片匹配使用	所有机型均可使用,为目前普遍使用技术

5. 导光板网点设计说明

网点主趋势设计主要是控制光能量能否从入光侧传送到出光侧,将其均匀地分布在整个发光区域的面上。一般通过调整各个不同区域网点的面积比例(或是网点半/直径大小)调整此趋势曲线的变化。调整原则以曲线趋势过度尽量调整最佳的平滑曲线为佳,在光能量能传送到整个区域面上的前提下,曲线越平滑外观品位越均匀。网点面积变化曲线如图2-9所示。

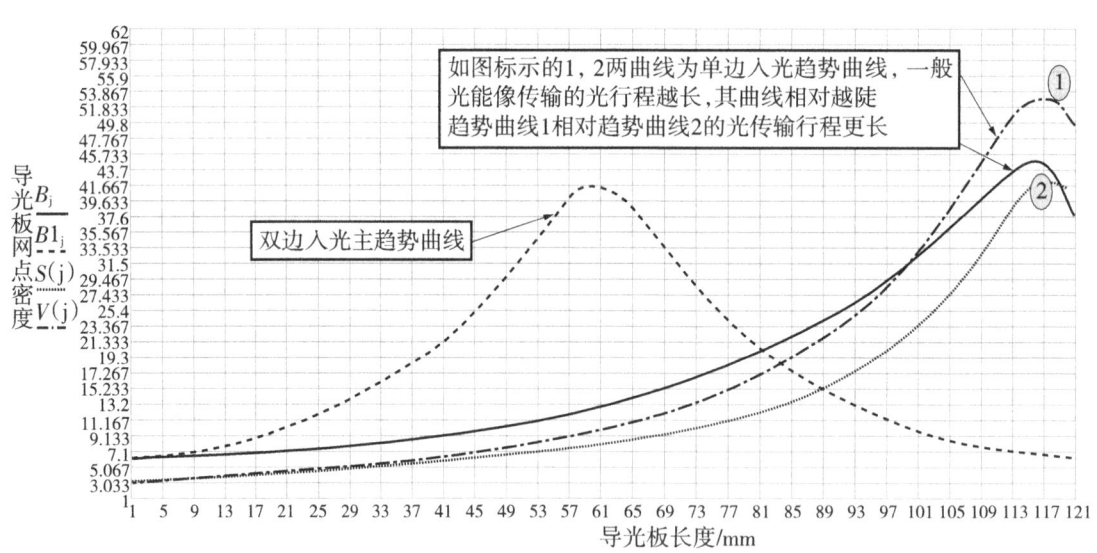

图2-9 网点面积变化曲线举例

注:1. 激光 LGP Pattern 形状以"泪状"外形首选,在无干涉条纹情况下亦可为线状结构;

2. 热压 LGP Pattern 形状优选"火山口"式;

3. 在选用网点为激光或是热压加工工艺的导光板时,搭配反射片的选型必须采用大粒子(30 μm)Cutting 结构匹配,避免吸附性 Mura 问题。

2.3 扩散板

1. 作用及说明

扩散板的作用为在直下式背光模组中，使入射光充分散射，并对灯影具有良好遮蔽效果的均光器件。扩散板具有一定雾度、透光率，折射率等光学特征，能有效地将点或线光源转化为柔和、均匀的面光源，在达到良好的透光率的前提下，同时具有良好的光源点阵遮蔽性，并可以给上层膜片提供结构支撑，目前LCD中的扩散板基材采用PS（聚苯乙烯），以下规范只针对PS扩散板。

LCD TV中，扩散板一般只应用在直下式机型中。

2. 扩散板光学特性

扩散板具有良好的表面抗静电性能，防止灰尘吸附，透光率在30%～80%（范围可调）。

光源扩散性：适用于直下式背光模组，具有高辉度、高扩散性，可提高背光源的发光分布均匀的扩散效果。

光线透过率：绝佳之光线透过率产生其高亮度。

3. 扩散板原理（图2-10）

PS扩散板主要是在PS基材中加入化学颗粒作为散射粒子，使光线在经过散射层时不断地在两个折射率相异的介质中发生折射、反射与散射，以此产生光学扩散的效果。然而这种方式，将不可避免地存在扩散粒子对光的吸收，造成光能利用率低。经常添加的化学粒子包括有机光扩散剂、无机光扩散剂、混合均匀性。

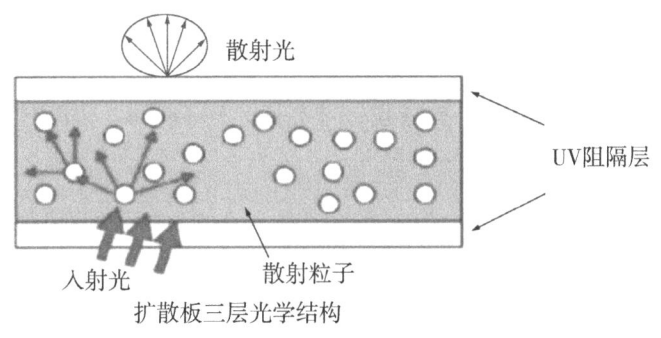

图2-10 扩散板原理示意

4. 主要参数规格

扩散板的主要参数规格包括以下几个方面，如表2-4所示。

表2-4 扩散板的主要参数规格

检测项目	测试方法	量测机台	规格
穿透率	JIS K7361-1	雾度计 （申光WGT-S）	43.3% ± 3%
雾度	JIS K7136		92% ± 2%

续表

检测项目		测试方法	量测机台	规格
色度	X	公司测试方法	色度计	0.305 ± 0.003
	Y		(SA-2000)	0.270 ± 0.003
表面结构	上表面	/	/	高光/磨砂/虫仔/V结构
	下表面	/	/	高光/磨砂/虫仔/V结构

5. 材料结构特性

PS 扩散板有以下结构特性：

(1) 耐候性较 PMMA 差，在湿气、紫外线环境下易脆、黄变性较为明显；

(2) 比重为 1.05 左右，较 PMMA(1.2)轻，较 PP(0.96)重；

(3) 适合于机械加工，热成型；考虑到易融性，建议不做激光裁切加工；

(4) 表面磨砂处理，耐磨、抗划伤性稳定；

(5) 尺寸稳定性好；

(6) 吸水率最小(较 PMMA 与 PP)，在潮湿环境中仍能维持良好的尺寸稳定性。

2.4 光学膜片

光学膜片在背光模组中扮演着至关重要的角色，其主要功能是优化光路的传输路径，从而提升亮度并实现遮蔽效果。然而，在背光模组的应用过程中，膜片常常面临一些常见的问题，如褶皱、磨损、干涉条纹以及分层等缺陷。因此，在设计背光方案时，必须依据膜片单个部件的特性，规范其结构尺寸的设计，并合理搭配膜片方案，以确保整体性能的最优化。

本设计规范主要针对部品为：扩散膜、增亮膜、MicroLens、DBEF、反射膜、QD 膜、复合膜。光学膜片使用位置如图 2-11 所示。

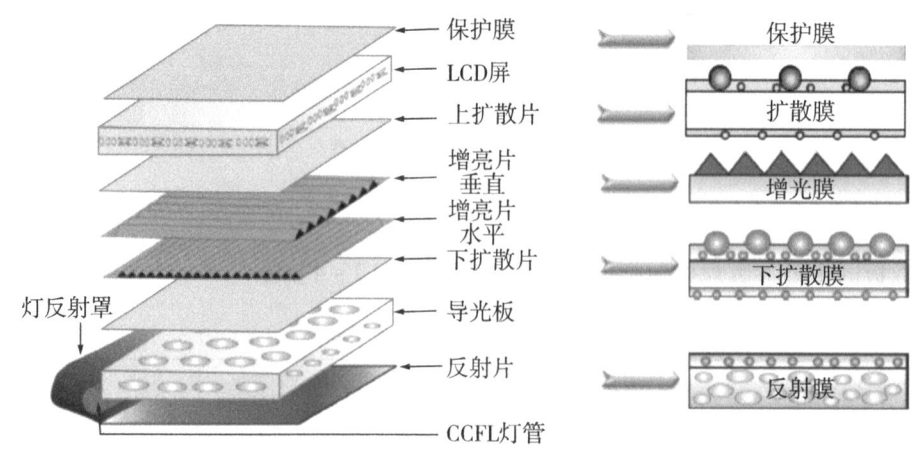

图 2-11 光学膜片使用位置示意

1. 扩散膜

1）扩散膜功能介绍

原理：上表面的扩散粒子对光源的折射和反射，使光源雾化，小角度光源出光集中到正面。

功能：背光模组遮蔽效果，提升正面亮度。

结构图如图 2-12 所示。

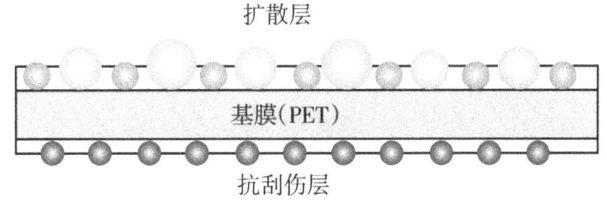

图 2-12　扩散膜结构示意

2）光学使用方案

下扩散膜：采用高雾度扩散片，主要起遮蔽效果。

背涂粒子需采用抗刮伤性能佳的材质，避免和导光板相互磨伤。

上扩散膜：采用高透过率扩散片，主要起增亮和抗干涉作用。

根据模组尺寸大小，选择最佳膜片厚度；一般下扩散膜均采用 188 μm 基材，上扩散膜 <65 寸[①]采用 188 μm 基材，上扩散膜 ≥65 寸采用 250 μm 基材，上扩散膜 ≥85 寸采用 400 μm 基材。

2. 增亮膜

1）增亮膜功能介绍

原理：光线通过棱镜结构折射，利用折射定律，缩窄光源出光角度，把光源集中到正视面。

功能：提升背光模组法向发光强度，但相应地会使模组亮度视角缩小。

结构图如图 2-13 所示。

2）光学搭配方案

增亮膜选型，主要考量亮度、视角和干涉条纹。

当液晶屏下面没有扩散膜时，上增亮膜需选用小间距结构（<25 μm），建议选择预转角度膜片；当增亮膜与液晶屏产生干涉条纹时，可考虑转角度（3°～5°、93°～95°）。

3. DBEF

1）DBEF 功能介绍

原理：核心光学层，只透过 P 偏振光，S 偏振光反射，经过背光系统后转换为自然偏振光，能量得到回收利用。

功能：反射回收偏振光，提高光能量利用率。

---

① 1 寸 ≈ 0.333 m。

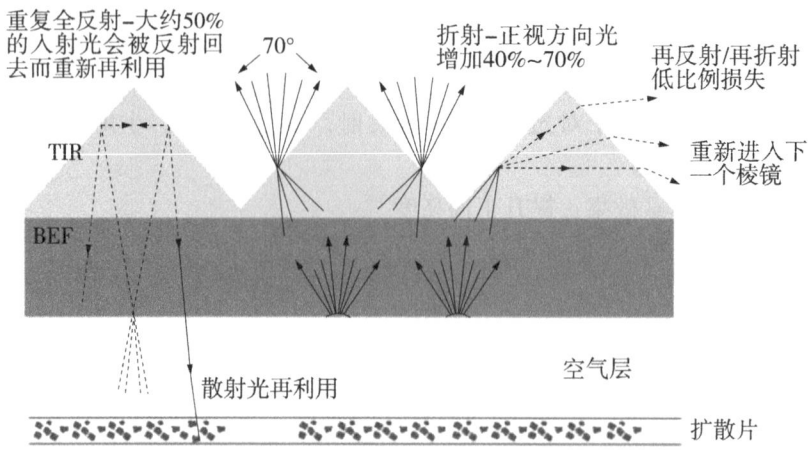

图 2-13 增亮膜结构示意

结构图如图 2-14 所示，DBEF 增亮原理如图 2-15 所示。

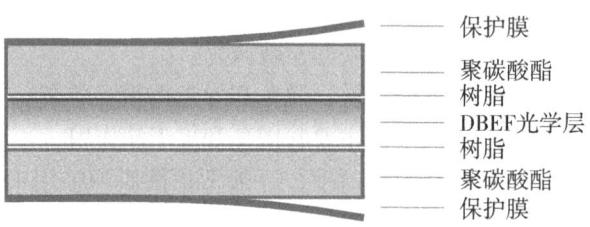

图 2-14 DBEF 膜结构示意

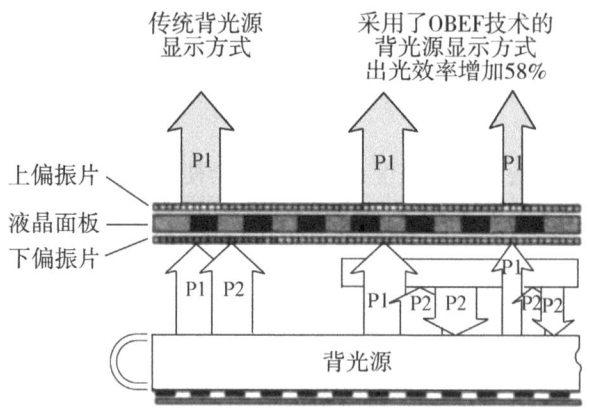

图 2-15 DBEF 增亮原理

2）光学搭配方案

DBEF 放置于 OC 下方，起增亮作用，适用于高能效、高画质机型。

4. 反射片

1）反射片功能介绍

原理：反射粒子对光源进行漫反射。

功能：回收背光模组光源能量，扩散光源，抗顶白等。
结构图如图2-16所示。

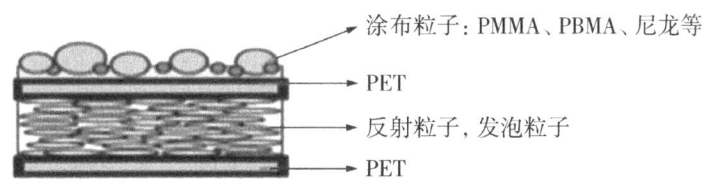

图2-16 反射膜结构示意

2）光学搭配方案

侧入式机型，一般反射片正面采用背涂粒子［大颗粒（～40 μm）软材质（PET、尼龙）］，防止与导光板磨伤。

直下式机型，出于成本考量，优选无Coating反射片。

5. 复合膜片

复合膜片结构示意图如图2-17所示。

原理：把两张或多张膜片贴合为一体，同时实现多张膜片的光学效果。

功能：实现膜片的薄型化应用，简化工厂组装工艺，缩短工时。

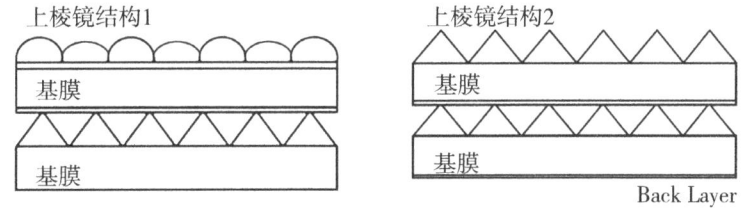

图2-17 复合膜结构示意

6. QD膜

QD膜片原理：把QD粒子涂布在膜片中间，使用水氧阻隔材料保护QD粒子不受水氧影响，通过光致发光产生高纯度光源的膜片。功能：实现高色域画质（NTSC＞100%，DCI-P3覆盖率＞95%）。

光学搭配方案：

QD膜片采用的光源为蓝光（445～455 nm）；

QD膜片高亮搭配的光学方案为QD膜片+POP+DBEF，普通亮度版本搭配的光学方案为QD膜+BEF+DBEF-BA；不同的膜片方案，对应不同的亮度和色度；

QD膜片应用于直下式中，针对模组四周边缘漏蓝光，可采用反射片丝印黄色油墨（荧光体）；

QD膜片应用于侧入式中，针对模组入光侧漏蓝光，可内缩非QD膜片尺寸；无侧漏蓝光，可采用反射片丝印黄色油墨（荧光体）或蓝光转换膜片。

2.5 背光源光学检测参数

光学的基本参数:

(1) 光通量 Φ 单位流明(lm),定义为光源在单位时间内发射出的光量。

光源在单位时间内所发出的光量称为光通量,以 Φ 表示。光通量是根据辐射对标准光度观察者的作用导出的一个量,它表示辐射作用于人眼时,所产生的"光"效应。根据发光强度的余弦定理可导出:光亮度为 L 的均匀发光面元 dS,在半顶角为 U 的圆锥内发出的光通量为

$$d\Phi = \pi L dS \sin^2 U \tag{2-2}$$

(2) 光功率 W:单位毫瓦(mW),定义为光在单位时间内所做的功,蓝光灯珠按照光功率(mW)计量管理。

(3) 发光强度 I:定义为光源在给定方向的单位立体角 $d\Omega$ 中发射的光通量,为光源在该方向的(发)光强(度),即 $I = d\Phi/d\Omega$,发光强度的单位是 cd(坎德拉,烛光),1cd = 1lm/sr。

(4) 亮度(L):光源表面上任意一点上在给定方向的光亮度 L 是包含该点的面元在给定方向的发光强度与面元在该方向的平面上的正交投影面积之商,即

$$L = dI/(dS\cos\alpha) = d2\Phi/(d\Omega dS\cos\alpha) \tag{2-3}$$

光亮度的单位是 cd/m^2,cd/m^2 也称为 nit(或 nt,尼特),尼特一般用来衡量屏幕上的亮度。

(5) 光照度

光照度是用来表示表面被照明程度的量,它是单位面积上接收到的光通量。即

$$E = d\Phi/dS \tag{2-4}$$

光照度的单位是 lm/m^2,亦称为 lux(勒克斯)。

不同光学概念之间的关系如表 2-5 所示。

表 2-5 不同光学概念之间的关系

物理量	英文名	符号	单位	公式
光通量	Luminous Flux, Light out	Φ	lm,流明	$d\Phi = \pi L dS \sin^2 U$
发光强度	Luminous Intensity	I	cd,坎德拉	$I = d\Phi/d\Omega$
亮度	Luminance, Brightness	L 或 B	cd/m^2,nit,nt,尼特	$L = dI/(dS\cos\alpha)$
照度	Illuminance	E	lux,勒克斯	$E = d\Phi/dS$

(6) 光效:发光效率(简称光效)是指一个光源(一般指电光源)所发出的光通量 Φ 和该光源所消耗的电功率 P_l 之比:

$$\eta = \Phi/P_l \tag{2-5}$$

考虑到加在电光源上的功率并不全部转换为可见光,而是有相当一部分变成了其他形式的能量(如热量),故式(2-5)可改写为:

$$\eta = \frac{\Phi}{P_l} = \frac{K_m \int_{380}^{780} P_\lambda V(\lambda) \mathrm{d}\lambda}{P_l} = \frac{\int_{380}^{780} P_\lambda \mathrm{d}\lambda \mathrm{d}\lambda}{P_l} \cdot \frac{K_m \int_{380}^{780} P_\lambda V(\lambda) \mathrm{d}\lambda}{\int_{380}^{780} P_\lambda \mathrm{d}\lambda} = \eta_v K \quad (2-6)$$

其中，K_m 为人眼明视觉的光谱光效率，是一个无量纲的系数，代表光源在可见光区的光谱能量分布。

2.5.1 亮度

亮度是背光源性能中的一个重要参数，只有高亮度的背光源才能使画面色彩更鲜艳，才可能实现在太阳光下阅读。图 2-18 所示为 CCFL 侧入式背光源的照明效率：通常情况下光源以约 25% 的损失入射导光板，经导光板混光后，剩余约 60% 入射下扩散膜，有约 53% 的光进入膜片组，最终有 34% 的光入射至灯罩面板。该模型比较接近理想情况。在真实实验条件下，从膜片组出射的光仅有 10% 能透过 LCD 屏，系统的光利用率不足 1%。

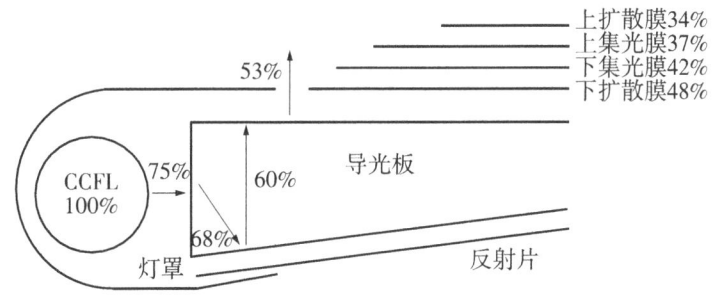

图 2-18 CCFL 侧入式背光源的照明效率

结合背光源结构特点，提高背光源亮度可以从以下三点出发。

(1) 加大灯管电流。但如果只增大电流而不做其他处理的话，会增加背光源的散热负担以及降低它的使用寿命，所以在不改变灯管性能的情况下一般不考虑这种方法。

(2) 提高灯管的发光效率。目前，背光源大多都使用管径为 1.2～3.0 mm 的直线型冷阴极管，可以通过提高荧光材料的光转换效率从而提高其发光效率，也可以通过改进电极材料来实现。

(3) 降低管壁厚度。早期制作灯管的材料多为钠钙玻璃，玻璃中的 Na、Ca、K 等活性金属容易与 Hg 生成化合物，从而严重影响灯管的亮度与使用寿命。现在多采用高硼硅酸盐玻璃来制作，该玻璃中的活性金属含量很低，使灯管的使用寿命与亮度得到改善。

2.5.2 亮度均匀度

不仅亮度会影响到背光源质量，亮度分布的均匀性也是衡量背光源质量的一个重要标准。通常情况，我们将背光源辐射在外周与中心亮度的比值称为背光源亮度分布的均匀度，习惯上有两种定义和计算方法。为了方便计算，在辐射区域的横向与纵向两个方向各自等间距地画出 5 条直线，直线与直线之间就会产生交点，共 25 个。

(1) 定义这 25 个交点中亮度的最小值与中心点的亮度值的比值为亮度均匀度，具体表示为：

$$亮度均匀度 = \frac{最小亮度}{中心点亮度} \quad (2-7)$$

（2）定义25个交点中最小的9个点亮度值的平均值与中心点亮度值的比值为亮度均匀度。表示为：

$$亮度均匀度 = \frac{最小9个点亮度的平均值}{中心点亮度} \quad (2-8)$$

对于笔记本计算机的背光源，两种定义方式应分别至少达到65%和80%；对于台式显示器，两种定义方式应分别超过75%和90%。LCD的色彩表达以CIE 1931 XYZ色彩空间为基础，背光源的均匀性和稳定性是图像质量的保证。值得考虑的是，以CCFL作为背光源时，应时刻注意光源的热量产生情况，避免因为温度过高而影响到器件组的正常工作，从而使性能变差；LED在产生热量方面的性能比CCFL要优秀很多，但值得注意的是LED阵列在散热方向上的优化考虑。

2.5.3 色度

计量学是研究颜色计量学的科学。事实上，所有颜色的观点都是人类神经的光刺激视觉神经。今天，光和饱和度是三种颜色元素的共同特征。光和饱和度也被称为色度，它不仅表示光的颜色，还表示颜色的深度。

色度学是一门研究彩色计量的科学，它的任务是研究人眼彩色视觉的定性和定量规律及其应用。任何色彩的显示，事实上都是色光刺激人的视觉神经从而产生的感觉。色彩有三个主要特征：色调、饱和度和明亮度，三者又被称为"色彩三要素"。其中色调和饱和度被合称为色度，色度不仅能表示光的颜色种类，还能表示颜色的深浅程度。图2-19所示为CIE 1931标准色度坐标。

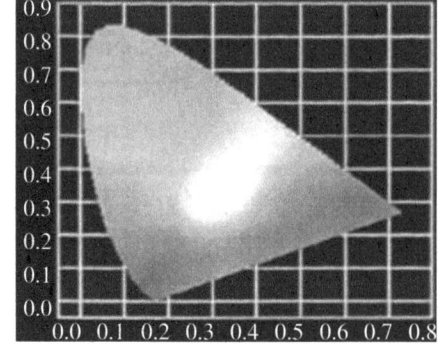

图2-19 CIE 1931标准色度坐标

波长不同的色光给人的直观感觉是不一样的，但其实相同彩色光可以由不同波长的光混合而成，人眼看到的各种物体所呈现出来的颜色，其实都是由红色、绿色和蓝色三种颜色的光以不同的比例混合而成的，但这三种颜色却不能够通过其他颜色混合得到，这三种颜色等比例混合的话就可以得到白光，也正因此，红色、绿色和蓝色三种颜色是组成其他颜色的基础，称为三原色。

色度的测量主要可以分为人眼目测与仪器检测两种。由于每个人观感不同，用人眼分辨颜色带有主观性，想要准确地定量判断颜色，可以使用色度计来测量显示器输出的色彩的色坐标值，而色坐标可以准确地表示颜色。图2-19为著名的CIE 1931标准色度坐标，坐标越靠近右下色彩颜色越接近红色，越靠近左下色彩颜色越接近蓝色，越靠近左上颜色越接近绿色，如果给定了x和y的坐标，就可以很轻易地得到它所对应的颜色，CIE 1931标准色度坐标可以表示波长从380 nm到780 nm之间的所有纯色光。

2.5.4 色域

色域又称为色彩空间,它可以用一个有限的均匀颜色空间来描述。色域的定义标准不唯一。按照 GB/T 5698—2001 的定义,色域指的是在色度图或色空间中能够满足某些条件的颜色集合的范围。色域可分为彩色图像的色域与彩色显示设备的色域两种,彩色显示设备的色域主要是指设备彩色复制媒质或设备本身所呈现的最大颜色范围。由于彩色复制媒质或彩色设备颜色表现的结构与机理不同,不同的彩色设备的色域范围也不同。色域大小可以用于决定设备色彩再现能力,是衡量设备色彩显示的一个基本指标。

CIE 1931 - XYZ 的色度图通常可以用来描述色彩范围。彩色显示设备的色域是其系统三基色在色度图中所构成基色三角形的面积。NTSC 通常作为衡量设备色彩还原能力的标准指标,在色度图上具体用彩色显示设备三基色面积 ALCD 与 NTSC 标准三基色面积 ANTSC 的比例来表示。若将 LCD 显示器的三基色色度坐标表示为 (x_R, y_R),(x_G, y_G),(x_B, y_B),则色度坐标所构成三角形的面积表示为:

$$A_{LCD} = \frac{1}{2} \begin{vmatrix} x_R & y_R & 1 \\ x_G & y_G & 1 \\ x_B & y_B & 1 \end{vmatrix} = \frac{[(x_R - x_B)(y_G - y_B) - (x_G - x_B)(y_R - y_B)]}{2} \qquad (2-9)$$

相对应的色域 G_{amut} 表示为:

$$G_{amut} = \frac{A_{LCD}}{A_{NTSC}} \times 100\% \qquad (2-10)$$

2.5.5 对比度

对比度通常是指图像明暗区域中最亮的白色和最暗的黑色的层级差异大小。对比度的大小可以直观反映出图像视觉效果的好坏,对比度越大,层级差异越大,层次越多,呈现的画面越清晰;对比度越小,层级差异越小,画面越模糊。高的对比度对图像清晰度、灰度层次等方面都有很大帮助。

2.5.6 色温

当某种光源的色品与某一温度下的完全辐射体(黑体)的色品完全一致时,完全辐射体(黑体)的温度即为这种光源的色温度,简称色温,符号为 T_c,单位为开(K)。

相关色温是指当某一种光源的色品与某一温度下的完全辐射体(黑体)的色品最接近时,完全辐射体(黑体)的温度即为这种光源的相关色温,符号为 T_{cp},单位为开(K)。根据光谱可以计算得到色坐标,再根据色坐标计算出色温,反之则不能成立。表 2-6 展示了部分光源的色温大小。光源的色温越高,颜色越偏蓝,色温越低颜色越偏红,比如在大晴天拍照时因为太阳光色温较高所以照片偏冷色调,黄昏时照片拍出来的效果偏暖色调。

表2-6 部分光源的色温

光源	色温/K	光源	色温/K
太阳(大气外)	6 500	钨丝白炽灯(1 000W)	2 920
太阳(在地表面)	4 000～5 000	荧光灯(日光色)	6 500
蓝色天空	18 000～22 000	荧光灯(冷白色)	4 300
月亮	4 125	荧光灯(暖白色)	2 900
蜡烛	1 925	金属卤化物灯	3 000～6 500
煤油灯	1 920	钠铊铟灯	4 200～5 000
钨丝白炽灯(10W)	2 400	镝钬灯	6 000
钨丝白炽灯(100W)	2 740	钪钠灯	3 800～4 200
弧光灯	3 780	高压钠灯	2 100

3 LED 背光源的基本结构与设计

3.1 侧入式背光源结构

LCD 为非自发光的显示装置，必须有外部光源才能达到显示的效果。光源可以分为前光源和背光源，其中前光源适用于反射式显示 LCD 模组，而我们常用的电视、显示器、手机等使用的都是背光源。背光源一般由光源、导光板或扩散板、扩散膜、增亮膜、反射片、DBEF 等光学膜片组成，如图 3-1 所示。

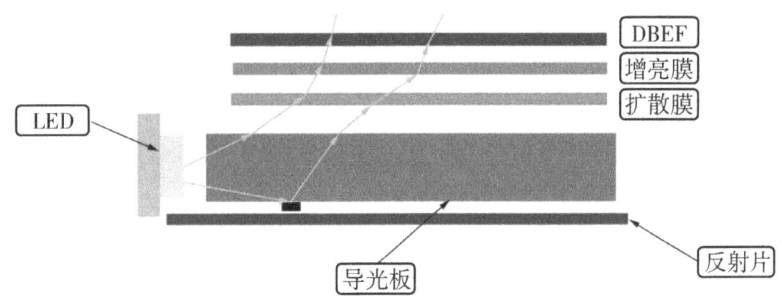

图 3-1　一般背光结构示意

根据光源在背光模组内的摆放位置可以分为直下式背光模组和侧入式背光模组。其中直下式背光模组将光源置于液晶面板正下方，光线直接进入或通过反射进入光源上方的膜片之中，直下式背光模组使用扩散板作为散光器件。直下式背光模组灵活性高，价格低廉，尤其是直下式背光可以搭载背光区域控光技术，可以大大增强其动态对比度的表现，直下式入光技术广泛适用于大尺寸 LCD 显示，是电视背光技术的主要形态。但由于其混光距离较大，成品电视机的厚度偏大，在外观形态上不符合未来产品形态的发展趋势。侧入式背光模组中将光源放置于背光模组的侧边，光从侧面进入导光板后，经由反射片反射将光打入光学膜中，侧入式背光技术产品虽形态轻薄，但价格偏高，目前主要用于显示器、笔记本电脑、平板电脑、手机等领域，因无法实现背光的区域控制，所以其对比度无法进一步提升，另外受制于导光板加工尺寸的限制，侧入式背光无法实现超大尺寸的 LCD 显示。直下式和侧入式背光原理图分别如图 3-2、图 3-3 所示。

侧入式背光源是 LED 背光源的一种常见形式，它采用侧向照射的方式，将光线从侧面引入导光板，并通过光学部件的协同工作，将光线均匀地照射到整个屏幕上。

侧入式背光源中的光学部件包括光源、导光板、反射片、扩散片和棱镜片等。这些部件承担着不同的光学功能，共同协同工作，将光线从光源传递到屏幕上。

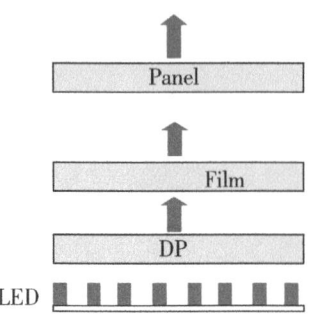 

图 3-2 直下式背光模组结构示意

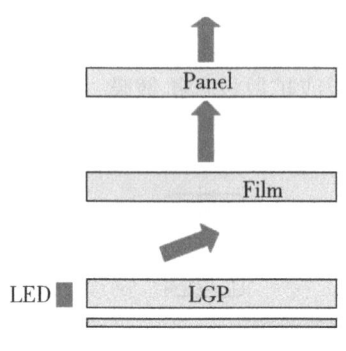 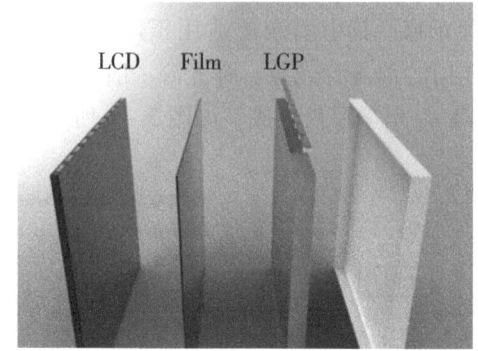

图 3-3 侧入式背光模组结构示意

(1) 光源。光源是侧入式背光源的起始点,它产生光线并将其引入导光板。LED 是目前最常用的光源之一,它具有高亮度、高效率、长寿命等优点,因此被广泛应用于侧入式背光源中。

(2) 导光板。导光板是侧入式背光源的核心部件,它通过内部的光学结构将光线引导到整个屏幕。导光板通常采用 PMMA 或 PC 等透明材料制成,具有高透光性和良好的光学性能。导光板的主要作用是将光线从光源引导到整个屏幕上,并确保光线的均匀分布。

(3) 反射片。反射片是侧入式背光源中的重要部件,它通过反射光线,使光线更加均匀地分布在导光板上。反射片通常采用高反射率的材料制成,如铝箔或镀银材料等。反射片的主要作用是反射光线,使其更加均匀地分布在导光板上,并提高光线的利用率。

(4) 扩散片。扩散片是侧入式背光源中的另一个重要部件,它通过对光线进行扩散,使得光线能够更均匀地照射到整个屏幕上。扩散片通常采用 PMMA 或 PC 等透明材料制成,具有良好的光学性能和扩散特性。扩散片的主要作用是对光线进行扩散,使光线能够更加均匀地照射到整个屏幕上,并提高显示效果。

(5) 棱镜片。棱镜片是侧入式背光源中的最后一个部件,它起到聚焦光线的作用,使光线能够更加集中地照射到屏幕上,从而提高显示效果。棱镜片通常采用 PMMA 或 PC 等透明材料制成,具有良好的光学性能和聚焦特性。棱镜片的主要作用是聚焦光线,使光线能够更加集中地照射到屏幕上,并提高显示效果。

总的来说,侧入式背光源中的光学部件协同工作,将光线从光源传递到屏幕上,并确保光线的均匀分布和高质量的显示效果。虽然侧入式背光源与直下式背光源的光学部件大部分都可以通用，但导光板和扩散板的差异仍然需要注意。在侧入式背光源中，导光板需要具有更好的引导性能，以确保光线能够均匀地分布在整个屏幕上；而扩散板需要具有更好的扩散效果，以确保光线能够更加均匀地照射到整个屏幕上。

侧入式背光源的整体结构由光源、导光板、反射片、扩散片和棱镜片等组成。这些部件的布局和功能相互协调，共同实现将光线从侧面输入并均匀地输出到屏幕上。

首先是光源，它位于侧入式背光源的最左侧。光源通常采用 LED 作为光源，LED 具有高亮度、高效率和长寿命等优点，能够产生足够的光线来照亮整个屏幕。

紧接着是导光板，它是侧入式背光源的核心部件。导光板通常采用透明材料制成，如 PMMA、MS 或 PC，具有高透光性和良好的光学性能。导光板内部有一系列的光学结构，可以将光线从光源引导到整个屏幕上。导光板的设计和制造工艺对于光线的引导和分布起着关键的作用。

在导光板的后方是反射片，它通常采用高反射率的材料制成，如发泡 PET 膜片、铝箔或镀银材料。反射片的作用是反射光线，使光线更加均匀地分布在导光板上，提高光线的利用率。反射片通过将光线反射回导光板，使得光线能够经过多次反射，从而达到均匀分布的效果。

接下来是扩散片，它通常采用 PMMA 或 PC 等透明材料制成，具有良好的光学性能和扩散特性。扩散片的作用是对光线进行扩散，使得光线能够更加均匀地照射到整个屏幕上。扩散片通过其特殊的表面结构或添加特殊的扩散剂，使得光线能够在导光板上均匀地分散和散射，从而避免光线的聚焦和不均匀照射的问题。

最后是棱镜片，它通常采用 PMMA 或 PC 等透明材料制成，具有良好的光学性能和聚焦特性。棱镜片的作用是聚焦光线，使得光线能够更加集中地照射到屏幕上，提高显示效果。棱镜片通过其特殊的表面结构或折射率的变化，将光线聚焦到屏幕上，使得显示效果更加清晰和亮度更加均匀。

在显示行业中，背光源是屏幕显示效果的关键因素之一。作为一种广泛使用的背光源技术，侧入式背光源以其高效、均匀和可扩展的特性，被广泛应用于各种显示设备上。

侧入式背光源的工作原理就像一条光的传递链。首先，LED 光源发出光线。据统计，一颗高品质的 LED 光源可以产生约 1000 lm 的光通量，这足以满足大多数显示设备的亮度需求。然后，光线进入导光板。导光板通常由高透光性的 PMMA 或 PC 材料制成，其内部的光学结构可以将光线均匀地引导到整个屏幕上。在实际应用中，一个优质的导光板可以将光线的利用率提高到 90% 以上。

接下来，光线会经过反射片和扩散片的处理。反射片通常由高反射率的材料制成，可以将导光板下方的光线反射回来，从而提高光线的利用率。在实际应用中，一个优质的反射片可以将光线的反射率提高到 95% 以上。而扩散片则可以进一步扩散光线，使光线更加均匀地照射到整个屏幕上。在实际应用中，一个优质的扩散片可以将光线的均匀度提高到 95% 以上。

最后，棱镜片将光线聚焦并指向屏幕。棱镜片通常由高折射率的材料制成，可以将光线更加集中地照射到屏幕上，从而提高显示效果。在实际应用中，一个优质的棱镜片可以将光线的聚焦效率提高到95%以上。

总的来说，侧入式背光源的工作原理就是通过一系列的光学处理，将光线从侧面输入，均匀地输出到屏幕上。这个过程中的每一个环节都至关重要，任何一个环节的失误都可能导致显示效果的下降。

侧入式背光源的性能优化和优势包括以下3点。

（1）通过精心设计的导光板和反射片，我们可以实现高效的光线利用，提高亮度，同时降低能耗。根据统计数据，一个优质的侧入式背光源可以将光线的利用率提高到95%以上，这意味着我们只需要较少的光源就可以产生足够的亮度。

（2）侧入式背光源的结构简单，成本低，易于大规模生产。根据统计数据，侧入式背光源的生产成本只有传统背光源的70%，这使得它在大规模生产时具有明显的成本优势。

（3）侧入式背光源具有良好的扩展性和灵活性。我们可以通过增加或减少LED光源的数量，调整导光板的厚度和材质，以适应不同大小和亮度的显示需求。

总的来说，侧入式背光源就像一个精心设计的光的舞台，每个部件都在扮演着自己的角色，共同创造出一幅明亮的画面。选择使用侧入式背光源，它将为您的产品带来优秀的显示效果和显著的成本优势。

在液晶显示技术的发展历程中，侧入式背光源以其独特的技术优势和广泛的应用领域，已经成为液晶显示屏背光系统的主流选择。根据市场研究公司DisplaySearch的数据，2019年全球液晶显示器市场规模达到200亿美元，其中侧入式背光源的市场占有率超过60%，可见其在背光源市场的重要地位。然而，随着科技的不断进步和市场竞争的日趋激烈，侧入式背光源也面临着一些新的挑战和难题。

侧入式背光源的主要优势在于其结构简单、成本低、易于大规模生产。它通过精心设计的光源、导光板、反射片、扩散片和棱镜片等组件，实现了高效的光线利用，提高了亮度，同时降低了能耗。例如，使用最新的量子点技术，可以将侧入式背光源的亮度提高到2000 nit，是传统背光源的两倍以上。这种技术的应用，不仅提高了显示效果，也降低了能耗，对于提升用户体验和环保都有着重要的意义。

然而，侧入式背光源在发展过程中，也面临着一些技术和经济方面的挑战。在技术方面，如何进一步提高亮度，同时降低能耗，是一个挑战。这需要我们在光源、导光板、反射片、扩散片和棱镜片等组件的设计和制造上，进行更深入的研究和探索。

在经济方面，由于侧入式背光源的研发和生产成本较高，如何在保证性能的同时，降低成本，也是一个难题。根据市场研究公司IHS Markit的数据，2019年全球侧入式背光源的平均生产成本约为30美元，是直下式背光源的1.5倍。这意味着，我们需要在优化生产流程、提高生产效率、降低原材料成本等方面，作出更多的努力。

尽管面临挑战和难题，但侧入式背光源的发展前景依然乐观。随着科技的进步，我们有理由相信，侧入式背光源将会有更多的创新和突破，其性能将会得到进一步提升，应用领域将会进一步拓宽。政策的支持和市场的需求，也将推动侧入式背光源的发展。根据市场研究公司IDC的预测，到2025年，全球侧入式背光源的市场规模将达到300亿美元，年复合增长率超过10%。

总的来说，侧入式背光源的发展历程充满了挑战和机遇。作为显示行业的专业人士，我们需要深入理解这一技术的原理和特性,掌握其发展趋势,以便在这个快速变化的市场中保持竞争优势。同时,我们也需要不断提高自己的专业技能和知识水平,以应对技术和市场的变化。

侧入式 LED 背光源是显示行业的重要技术之一,其发展前景十分广阔。从性能提升、创新应用、用户体验改善、成本降低、可持续发展、安全与隐私保护、合作与整合、法规与政策支持等各个方面来看,侧入式 LED 背光源都将为显示行业带来新的机遇和挑战。

(1)侧入式 LED 背光源在性能上有着巨大的潜力。据市场研究公司 IHS Markit 的数据显示,侧入式 LED 背光源的亮度已经超过传统背光源的两倍以上,且其能耗也相对较低。这种技术的应用,不仅提高了显示效果,也降低了能耗,对于提升用户体验和环保都有着重要的意义。随着科技的不断进步,侧入式 LED 背光源在处理速度、精度和效率等方面的性能将会得到进一步提升。这将使得显示屏幕的画面更加清晰、流畅,为用户提供更加逼真的视觉体验。

(2)侧入式 LED 背光源的发展也将带来新的应用领域和创新的应用方式。例如,在虚拟现实、增强现实和智能交互等领域,侧入式 LED 背光源可以为用户提供更加沉浸式的体验和更加智能化的交互方式。据 IDC 的预测,到 2025 年,全球虚拟现实和增强现实市场规模将达到 160 亿美元,这将为侧入式 LED 背光源提供巨大的市场空间。

(3)侧入式 LED 背光源在用户体验改善、成本降低、可持续发展、安全与隐私保护等方面也有着显著的优势。例如,新一代的侧入式 LED 背光源将注重用户界面的友好性和交互方式的便利性,使得用户操作更加简单、直观。同时,侧入式 LED 背光源还可以实现自适应亮度调节和护眼模式等功能,缓解用户用眼疲劳从而减少对眼睛的伤害,提升使用时的舒适度。在成本方面,随着技术的进步和规模化生产的推进,侧入式 LED 背光源的生产成本将逐渐降低,这将使得侧入式 LED 背光源在市场上更具竞争力。同时,侧入式 LED 背光源还具有较长的使用寿命和较低的维护成本,使得其在可持续发展方面具备优势。

(4)侧入式 LED 背光源的发展还能够提升设备的安全性。通过实现面部识别和指纹识别等身份验证功能,侧入式 LED 背光源可以加强设备的安全性,防止未授权的访问和数据泄露。据 Gartner 数据显示,到 2025 年,全球面部识别市场规模将达到 193.06 亿美元,为侧入式 LED 背光源的应用提供了广阔的市场前景。

(5)侧入式 LED 背光源的发展需要不同领域的合作与整合。与显示面板制造商、芯片制造商和软件开发商等的合作可以实现技术的优化和整合,提高整体性能。根据 IHS Markit 的数据,到 2025 年,全球显示面板市场规模将达到 1200 亿美元,这为侧入式 LED 背光源的合作与整合提供了广阔的市场空间。

综上所述,侧入式 LED 背光源在提升性能、创新应用、改善用户体验、降低成本、可持续发展、安全与隐私保护、合作与整合等方面都有巨大的潜力和机遇。随着技术的不断进步和市场的不断需求,侧入式 LED 背光源将在显示行业中发挥越来越重要的作用,为用户带来更加优质、智能、安全的显示体验。

3.2 直下式LED背光源基本结构

3.2.1 直下式LED背光源简介

液晶显示器大致包括液晶面板和背光源模组两部分。液晶面板的基本结构由带有偏光片的上下两层导电玻璃和玻璃基板之间的液晶构成，当通电时液晶分子排列变得有序，呈导通状，使光线容易通过，不通电时排列混乱，阻止光线通过，相当于一个个小的光阀，从而实现不同图像的呈现。但液晶面板不发光，屏幕所发出的光由背光模组提供，因而背光源的光学性能对液晶显示器来说至关重要。按照入光方式不同，背光模组可以分为直下式背光模组和侧入式背光模组。

3.2.2 直下式LED背光源结构

直下式背光模组包括光源、扩散板、反射片、棱镜片、扩散片、外壳。光源在扩散板下方，光源发出的光线经过扩散板进行光线的扩散和雾化，再经由光学膜片的反射和折射后从上出光面均匀射出。直下式背光模组结构简单、出光均匀且亮度高、光线利用率高、开发难度低，多应用在对厚度要求不高的仪器设备上。其结构图如图3-4所示。

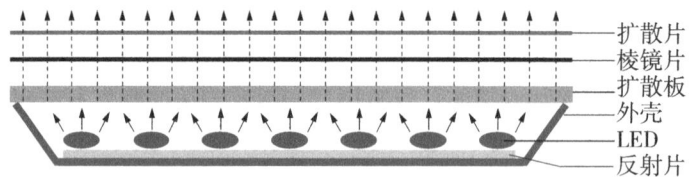

图3-4 直下式背光模组结构

直下式LED背光源作为一种先进的显示技术，具备多项特征和属性，为用户带来更加优质的视觉体验。

（1）直下式LED背光源通过将LED灯均匀分布在显示面板的背面，实现了更加均匀的亮度分布。根据研究数据，直下式LED背光源可以在整个屏幕上提供一致的亮度，避免了传统背光源中常见的明暗不一致或亮度不足的问题。这种均匀亮度的特性，使得用户在观看画面时能够享受到更加舒适和逼真的视觉体验。

（2）直下式LED背光源采用高亮度的LED灯作为光源，能够提供更高的亮度和对比度。根据测试数据，直下式LED背光源相较于传统的冷阴极荧光灯背光源，具备更高的亮度和对比度水平。高亮度和对比度的特性使得显示屏幕的画面更加鲜明、清晰，细节更加丰富。尤其在暗场景下，直下式LED背光源能够显示更多的细节和深度，进一步提升观看体验。

（3）直下式LED背光源还具备节能和环保的优势。相比传统的冷阴极荧光灯背光源，LED灯具有高效的能源转换率和较低的发热量，能够显著减少能源浪费和环境污染。据统计数据，直下式LED背光源相较于传统背光源，能够实现高达50%的能耗节约。此外，LED灯具备较长的使用寿命，减少了更换灯管的频率，进一步降低维护成本和环境负担。

在实际应用中，直下式 LED 背光源广泛应用于各种液晶显示设备。在电视领域，直下式 LED 背光源可以提供更大的屏幕尺寸和更高的分辨率，为用户带来更加震撼的视觉享受。根据市场调研数据，直下式 LED 背光源在电视市场中占据了显著的份额，并且持续增长。在电脑显示器和平板电脑中，直下式 LED 背光源可以提供更细腻的图像和更真实的色彩表现，满足用户对高质量图像的需求。在智能手机中，直下式 LED 背光源可以提供更亮、更清晰的屏幕，使得用户在户外环境中也能够清晰地看到屏幕内容。根据市场数据，直下式 LED 背光源在智能手机市场中得到了广泛应用，并且不断发展壮大。

综上所述，直下式 LED 背光源作为一种先进的显示技术，具备均匀亮度、高亮度和对比度、节能和环保等特征和属性。在各种液晶显示设备中得到广泛应用，为用户提供了更加优质的视觉体验。随着技术的不断进步和市场需求的变化，直下式 LED 背光源将在未来继续发展壮大，并为用户带来更加出色的显示效果。

直下式 LED 背光源作为一种先进的显示技术，已经在液晶显示设备中得到广泛应用，其工作原理基于 LED 的发光特性和光的反射与折射原理。LED 作为一种半导体器件，通过电流的驱动，产生可见光。直下式 LED 背光源将 LED 灯安装在显示面板的背面，通过光的反射和折射来实现照明效果。

与侧入式 LED 背光源相比，直下式 LED 背光源具有许多优势。首先，直下式 LED 背光源能够提供更加均匀的亮度分布。根据研究数据，直下式 LED 背光源可以在整个屏幕上提供一致的亮度，避免了传统背光源中常见的明暗不一致或亮度不足的问题。这种均匀亮度的特性，使得用户在观看画面时能够享受到更加舒适和逼真的视觉体验。

其次，直下式 LED 背光源采用高亮度的 LED 灯作为光源，能够提供更高的亮度和对比度。根据测试数据，直下式 LED 背光源相较于传统的冷阴极荧光灯背光源，具备更高的亮度和对比度水平。高亮度和对比度的特性使得显示屏幕的画面更加鲜明、清晰，细节更加丰富。尤其在暗场景下，直下式 LED 背光源能够显示更多的细节和深度，进一步提升观看体验。

直下式 LED 背光源是液晶显示设备中常用的背光照明技术。它由 LED 灯、扩散板、反射膜和增亮片、扩散片等主要部件组成。LED 灯作为光源，具备高亮度、高对比度和节能环保等优点。扩散板位于 LED 灯和液晶面板之间，将 LED 灯发出的光线均匀地分布到整个液晶面板上。反射膜位于导光板的底部，用于反射光线，提高光的利用率。

直下式 LED 背光源在各种液晶显示设备中广泛应用，并通过优化设计和性能提升，为用户带来更好的视觉体验。根据市场调研数据，直下式 LED 背光源在液晶电视、电脑显示器等设备中得到了广泛应用。

在液晶电视领域，直下式 LED 背光源已成为主流技术。数据显示，近年来，全球液晶电视市场份额中使用直下式 LED 背光源的产品占比逐渐增加，预计在未来几年内将继续保持增长趋势。这主要归功于直下式 LED 背光源在亮度、对比度和能效等方面的优势，使得液晶电视能够呈现更加逼真和细腻的画面效果。

在电脑显示器领域，直下式 LED 背光源也得到广泛应用。根据调查数据，近年来，市场上大部分的电脑显示器都采用直下式 LED 背光源技术。这是因为直下式 LED 背光源能够提供高亮度和高对比度，使得电脑显示器在处理图像和视频时能够呈现更加清晰和鲜明的画面。此外，直下式 LED 背光源的节能和环保特性也符合现代人对绿色环保产品的需求，进一步推动其在电脑显示器市场中的应用。

在移动设备领域，直下式 LED 背光源同样发挥了重要作用。随着 Mini-LED 背光，这一直下式 LED 背光技术的分支的出现，使直下式背光也可以被用于高端的移动终端上，目前虽然数量并不大，但也足以让我们看到其广泛的应用场景。这是因为直下式 LED 背光源具备较小的体积和较低的功耗，能够满足移动设备对轻薄和长续航的需求。同时，直下式 LED 背光源的高亮度和高对比度也使得移动设备的屏幕显示更加清晰和鲜艳，提升了用户的使用体验。

综上所述，直下式 LED 背光源在液晶显示设备中的应用越来越广泛。其高亮度、高对比度和节能环保的特点，为用户带来更清晰、更鲜明的显示效果，同时也减少了能源浪费和环境污染，符合可持续发展的要求。随着技术的不断进步和市场的不断需求，相信直下式 LED 背光源将继续发展壮大，为用户提供更好的视觉体验。

3.2.3 直下式 LED 背光源发展现状与技术难题

近年来，直下式 LED 背光源作为一项重要的技术创新，在液晶显示领域取得了巨大的进展。

1. 技术现状和应用领域

直下式 LED 背光源是一种直接安装在液晶面板背后的背光技术，通过均匀而高亮度的背光效果，提供了更清晰、更逼真的显示效果。目前，该技术已广泛应用于电视、显示器、手机等各种液晶显示设备中，成为液晶显示领域的主流技术。其应用范围不仅涵盖消费电子产品，还延伸到医疗、交通、安防等领域，为各行各业的信息显示提供强有力的支持。

2. 技术优势和创新点

相比传统的侧入式 LED 背光源，直下式 LED 背光源具有诸多优势和创新点。首先，它能够实现更加均匀的背光效果，消除了边缘式背光源可能出现的亮度不均匀问题。这意味着在观看电视或使用显示器时，我们可以享受到更加舒适和真实的视觉体验。其次，直下式 LED 背光源能够提供更高的亮度和对比度，使得显示效果更加清晰、鲜明。这对于观看高清视频、玩游戏等对画质要求较高的场景尤为重要。此外，直下式 LED 背光源还具有节能环保的特点，相比传统的冷阴极荧光灯背光源，能够大幅降低能耗和碳排放，为可持续发展作出贡献。

3. 技术发展的挑战和难题

尽管直下式 LED 背光源在应用中取得了显著的成绩，但其发展过程中也面临着一些挑战和难题。首先，技术方面，直下式 LED 背光源的研发周期较长，需要不断改进和优化技术，以满足不同尺寸和分辨率的显示需求。同时，技术可靠性仍然是一个难题，需要解决 LED 灯的寿命和稳定性等方面的问题。此外，成本方面也是一个挑战，直下式 LED 背光源的成本相对较高，需要进一步降低成本，以提高其竞争力。

3.2.4 技术发展的前景和趋势

尽管直下式 LED 背光源面临一些挑战和难题,但其发展前景依然广阔。随着技术的不断进步和成本的不断降低,直下式 LED 背光源有望在更多的应用领域得到推广和应用。特别是随着显示技术的发展,对于更高亮度、更高对比度和更低能耗的要求不断增加,直下式 LED 背光源将迎来更多的机遇和市场需求。同时,随着政府对节能环保的要求日益提高,直下式 LED 背光源作为一种节能环保的技术,也将得到更多的政策支持和市场认可。

综上所述,直下式 LED 背光源作为一项重要的技术创新,在液晶显示领域发展迅猛。尽管在发展过程中面临一些挑战和难题,但其优势和创新点使得直下式 LED 背光源拥有广阔的发展前景。

直下式 LED 背光源的发展潜力和前景无比广阔。从提升技术性能,到拓展创新应用,再到改善用户体验,以及降低成本,直下式 LED 背光源无疑将在未来的显示技术领域中发挥着越来越重要的作用。

首先,从性能提升的角度来看,随着科技的快速发展,直下式 LED 背光源在处理速度、精度和效率等方面已经取得了显著的成果。据统计,现代直下式 LED 背光源的刷新率已经可以达到 144Hz,甚至 240Hz,远超过传统的 60Hz,这意味着显示的画面更加流畅,无论是观看电影、玩游戏还是进行专业图像处理,都能带来更逼真和更震撼的视觉体验。

其次,创新应用是直下式 LED 背光源发展的另一个重要方面。随着科技的进步,直下式 LED 背光源将不仅应用于传统的液晶显示领域,还将在更多新兴领域展现其潜力。例如,在虚拟现实和增强现实领域,直下式 LED 背光源可以提供更加逼真和沉浸式的视觉效果,为用户带来更加身临其境的体验。据市场研究机构 IDC 的预测,2025 年全球 AR/VR 市场规模将达到 1 600 亿美元,这将为直下式 LED 背光源提供巨大的市场空间。

再次,用户体验的改善是直下式 LED 背光源发展的关键点。直下式 LED 背光源通过提供更出色的显示效果,改善了用户的视觉体验。而且,它还可以改善显示设备的用户界面和交互方式,使操作更加便捷和直观,进一步提升用户体验。据一项针对消费者的调查显示,超过 70% 的用户认为显示效果是他们选择电子设备的重要因素,这无疑将推动直下式 LED 背光源的发展。

最后,成本降低是直下式 LED 背光源发展的重要因素。随着技术的进步和规模效应的发挥,直下式 LED 背光源的生产成本已经逐渐降低。据统计,过去十年间,直下式 LED 背光源的成本已经下降了约 30%,这使得更多的消费者能够享受到高质量的显示体验,同时也为直下式 LED 背光源的普及和推广创造了有利条件。

然而,与此同时,随着大数据和云计算的发展,用户的数据安全和隐私保护问题也日益突出。直下式 LED 背光源在提供高质量显示体验的同时,也需要重视用户的数据安全和隐私保护。例如,通过加密算法和身份验证技术,直下式 LED 背光源可以确保用户数据的安全性和可信度。据一项针对消费者的调查显示,超过 80% 的用户表示,他们非常关心自己的数据安全和隐私保护,这无疑对直下式 LED 背光源的发展提出更高的要求。

未来,直下式 LED 背光源将不断创新和改进,以保护用户的数据安全和隐私,同时也将继续提升显示性能,降低成本,拓展应用领域,以满足用户的多元化需求,在未来的显示技术领域中发挥着越来越重要的作用,为用户带来更加安全、便捷和出色的显示体验。

3.3 LED 模组光学设计

本节以简化的 LCD-TV 为例,主要阐述 LED 背光模组的亮度计算和色度学计算,本节从基础理论出发,结合实际应用中的规格要求,通过理论计算出所需的亮度和色域指标,从而进行有效的光学设计。

3.3.1 LED 模组中亮度计算与设计

根据前面基础知识中亮度计算公式:

$$L = \mathrm{d}I/(\mathrm{d}S\cos\alpha) = \mathrm{d}^2\Phi/(\mathrm{d}\Omega \mathrm{d}S\cos\alpha) \tag{3-1}$$

式中,L 为亮度;Φ 为光通量;Ω 为立体角;S 为发光面积。S 可以等效为 LCD panel 的显示面积,一般只要知道 LCD 显示屏的尺寸和长宽比例,即可计算出其有效显示面积的长宽数值,二者乘积的结果即为发光面积 S,单位为 m^2。Φ 为光通量,在 LED 背光模组中,LED 的数量与单颗 LED 光通量的乘积即为该 LED 模组中总的光通量 $\Phi_{总}$,无论是直下式还是侧入式模组,LED 发出的光不可能被全部有效利用,可以用的光通量数量 Φ 与总光通量的比值即为利用效率 k,k 的数值在图中给出了参考数值。

Ω 为立体角,在实际计算中,我们取能量最为集中的半视角作为基准进行计算,其中要注意,半视角一般为角度,需要转换成弧度后再用以下公式进行计算。

$$\begin{aligned} A = 4(&\arctan\frac{\tan\beta}{\tan\alpha} - \arcsin(\cos\alpha\sin(\arctan\frac{\tan\beta}{\tan\alpha})) \\ &+ \arctan\frac{\tan\beta}{\tan\beta} - \arcsin(\cos\beta\sin(\arctan\frac{\tan\beta}{\tan\beta}))) \end{aligned} \tag{3-2}$$

特别地,当 $\alpha = \beta$ 时,$\Phi_1 = \Phi_2 = \pi/4$,

$$A_1 = A_2 = \frac{\pi}{4} - \arcsin(\frac{\cos\alpha}{\sqrt{2}}) \tag{3-3}$$

式中,α、β 分别为水平 x 方向和垂直 y 方向半视角;A 为立体角。

一般侧入式 LED 模组中,光能量利用效率、各个膜片的增益系数及对应的半视角如图 3-5 所示。

至此,我们得到了光通量、有效发光面积以及背光模组中所用的膜片架构和组合,就可以比较精确地计算出背光的亮度。

当然图 3-6 中给出的光通量的耦合效率、亮度增益系数和半视角只是参考数值,在实际的设计和使用中,不同的膜片架构组合,不同的膜片型号,乃至于不同的光学结构设计都会造成亮度计算结果的波动,尤其以 LED 到导光板距离对亮度计算的影响最大。

此外,我们在进行实际项目中,通常是先给出所需使用的屏的规格和需求的整机亮度要求,再进行所用 LED 方案和膜片架构的最优化设计,此时需要将公式进行反向计算,

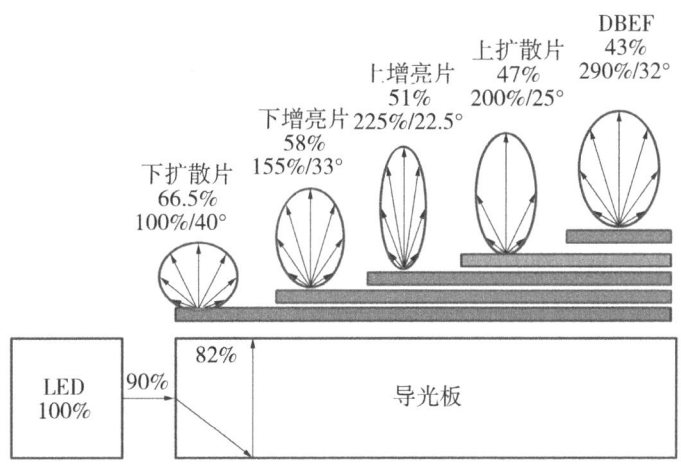

图 3-5 背光模组中光学利用率、增益系数、视角变化示意

进而得到相应膜片架构下所需求的最小光通量。

3.3.2 直下式 LED 背光源模组的光学设计

背光模组的几何尺寸是整个光学设计的基础，一切设计方案都要考虑到整个背光模组的尺寸，在保证背光整体亮度的前提下，实现成本的最优化，因此在对整个系统进行设计之前，必须要确定背光模组的几何尺寸。

从实际要求来看，背光模组尺寸在设计时应当考虑到稍大于 LCD 屏尺寸，因此所设计的背光模组的尺寸如图 3-6 所示，详细尺寸数据如表 3-1 所示。

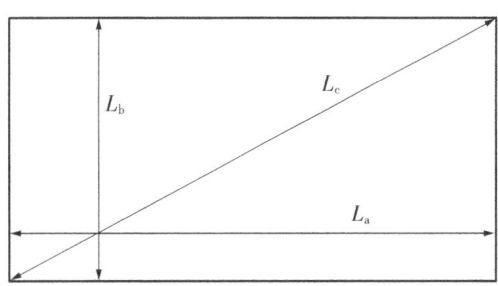

图 3-6 LCD-TV 几何尺寸

表 3-1 LCD-TV 几何尺寸详细数据

名称	符号	单位	值
对角线	L_c	mm	156.2
宽高比	L_a/L_b	—	6∶5
高	L_b	mm	100
宽	L_a	mm	120
面积	A	m²	0.012

实验室数据表明,有效亮度在 450~600 nit 这个范围内的光既可以从根本上解决液晶电视亮度不足的问题,又可以防止由于亮度过高而引起的强光刺眼、伤害视力、过强光加速液晶屏老化、产品寿命急剧缩短的问题。因此在本节的设计方案中,LCD 预期峰值亮度和最小亮度分别为 $L_{max} = 500$ nit 和 $L_{min} = 400$ nit,最小亮度和峰值亮度的比值定义为亮度均匀性,用 $R_{a,p}$ 表示,则 $R_{a,p} = 0.8$。

图 3-7 所示为 LCD panel 内部结构,由于这些复杂的内部结构,光在穿透 LCD panel 的过程中大部分会损失掉,据有关资料显示,LCD panel 的透射率 $\eta_{LCD} = 5\%$。

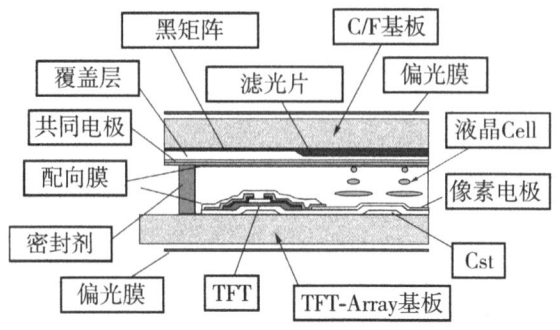

图 3-7 液晶显示屏内部结构

于是,由 LCD-TV 的峰值亮度 L_{max} 和 LCD panel 的透射率 η_{LCD} 可得到背光源模组峰值亮度 L_{BLmax}:

$$L_{BLmax} = \frac{L_{max}}{\eta} = 10\ 000\ (\text{cd/m}^2) \qquad (3-4)$$

背光源模组最小亮度:

$$L_{BL} = L_{BLmax} \times R_{ap} = 8\ 000\ (\text{cd/m}^2) \qquad (3-5)$$

为了提高背光源出射光的利用率,可在 LCD 和 LED 灯之间加入光学膜 BEF(Brightness Enhancement Films)和 DBEF(Depolarizing Brightness Enhancement Films)。据相关资料显示,BEF 和 DBEF 混合使用时的增亮倍数 $f_G = 2.1$。于是,光在穿过光学膜 BEF 和 DBEF 前的亮度(即仅有扩散板时背光的亮度)可由下式给出:

$$L_{BL\&diffuser} = \frac{L_{BL}}{f_G} = 3\ 809\ (\text{cd/m}^2) \qquad (3-6)$$

把由扩散板出射的光视为一面光源,于是光强可由下式得到:

$$L_{BL\&diffuser} = L_{BL\&diffuser} \times A = 45\ (\text{cd}) \qquad (3-7)$$

同时为了模拟的简便性,我们把背光源模组模型理想化,把它视为一个理想朗伯辐射体,即辐射源各个方向的亮度不变。由朗伯余弦定律可得:

$$\Phi_{BL\&diffuser} = I_{BL\&diffuser} \times \Omega = I_{BL\&diffuser} \times 2\pi(1 - \cos\varphi_{1/2}) \qquad (3-8)$$

式中,$\varphi_{1/2}$ 是从法线方向到光强值变为峰值的 50% 所经过的角度,由 LED 的光场分布特性图(图 3-8),可得到 $\varphi_{1/2} = 60°$。

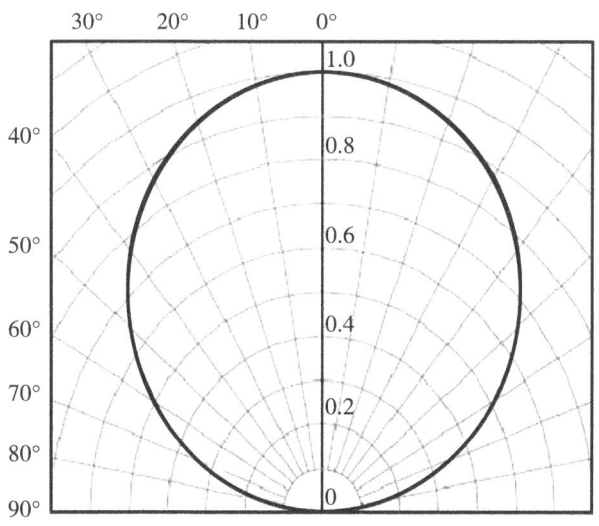

图 3-8　TA=25℃时 LED 的光场分布特性

于是，由公式计算得到 $\varphi_{BL\&diffuser}=141$ lm。

从 LED 光源发出的光并不是全部都照射到 LCD panel 上，会有一部分在混光过程中损失掉，我们把从散射板出射的光量与 LED 光源发出总光量的比值定义为光学效率，即

$$p=\varphi_{BL\&diffuser}/\varphi_{总} \tag{3-9}$$

资料显示，直下式背光源模组的光学效率通常为 0.6，于是可以计算出 LED 光源出射光的光通量：

$$\varphi_{总}=\varphi_{BL\&diffuser}/0.6=235(\text{lm}) \tag{3-10}$$

本节的设计方案所使用的单颗 LED 光源的光通量为 12 lm，因此至少需要 20 颗 LED 光源才能达到预定亮度值，考虑到光学性能所受到影响因素较多，为保证其亮度需要，我们可采用 28 颗 LED 光源。

3.3.3　侧入式 LED 背光源模组的光学设计

侧入式 LED 背光源模组中非常重要的一个光学元件就是导光板，在第二节中已经详细介绍了导光板的制作方法和工作原理。而导光板元件中最重要的光学设计就是下底面的网点设计，通过合理的网点设计，能够破坏入射光局部全反射作用，从而提高导光板出光的均匀性以及光源的利用率，因此网点设计的好坏对最后设计的背光源模组的性能有着直接影响。

导光板网点的设计理论是随着导光板的出现而逐渐发展完善的，是针对局部密度网点与对应表面亮度关系的总结，能够避免导光板设计过程中对设计师经验的过度依赖，目前较为经典的网点设计理论有超均匀分布理论、斥力缓和法、动态均匀理论、动态分子法。这些方法多用在散乱网点的设计过程中，而由于加工的限制，实际中使用的并不多。光学设计的关键在于找到一种合适的网点分布以达到所要求亮度的部分，因此在实际网点设计过程中为达到设计要求往往并不是单纯地利用某一种方法，而是多种方法共同使用，同时结合外部结构调整以及光学组件的应用，来达到最终目标。

本节主要阐述对导光板网点的理论计算，通过简化的 LED 光源，利用数学建模及相应的公式，推导出网点分布的理论公式；本节所要采用的 LED 光源为黄色荧光粉激发的白光 LED，光源发光效率较高，且发射角较大。下面是理论推导的详细过程。

如图 3-9 所示，定义随 x、y 变化的导光板底面网点填充函数为：

$$f(x, y) = s(x, y)/l^2 \qquad (3-11)$$

式中，$s(x, y)$ 为 (x, y) 处网点的大小；l^2 为网格面积；l 为网格边长。网点填充率函数基本上反映了网点的排布规律。设 x 处截面 A 上传导光的光通量为 $\varphi(x)$，忽略导光板的吸收及两侧面和前后面漏光等影响，则应有公式：

$$d\varphi(x) = -BW dx \qquad (3-12)$$

式中，B 为输出光在上底面的亮度；W 为导光板的宽度。则可以得到：

$$\varphi(x) = \varphi_0 - BWx \qquad (3-13)$$

式中，φ_0 为从 LED 光源耦合进导光板的光通量。当导光板下底面散射网点散射传导光所发出的散射光亮度分布处处均匀时，因为这些散射光光能总体只在 z 方向传播，所以这部分散射光形成的输出光亮度应正比于下底面网点散射传导光所发的散射光亮度。

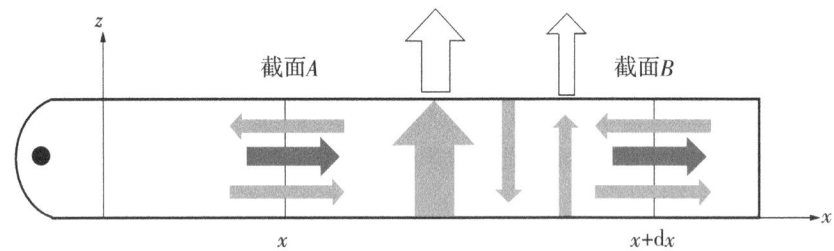

图 3-9　导光板光能传输示意

从图 3-9 可以看出，上底面也会将一部分散射光重新反射回导光板，且这部分反射回来的散射光亮度应该也分布且正比于散射网点散射传导光所发出的散射亮度。从而，从上底面反射回来的均匀散射光被下底面反射和散射后再次从上底面投射出来所形成的输出光的亮度，也应可近似看成分布均匀且正比于下底面散射网点散射传导光所发出的散射光的亮度。由以上分析可知，当下底面散射网点按一定规律排布使其散射传导光而发出的散射光亮度分布处处均匀时，从上底面发出的输出光的亮度也均匀分布，且正比于下底面散射网点散射传导光所发出的散射光的亮度，从而有：

$$B = \kappa B_1 \qquad (3-14)$$

式中，B_1 为底面散射网点散射传导光所发出的散射光的亮度；κ 为比例系数。当光源一定、导光板尺寸一定时，B_1 应正比于 x 处每个散射网点面积占每个网格面积的比例（这正是网点填充率函数 $f(x, y)$），以及正比于射到 x 处下底面上的传导光亮度，而射到 x 处下底面上的传导光亮度应可近似看成与通过 x 处截面 A 的传导光通量成正比，也就是说：

$$B_1 = \kappa_1 \varphi(x) f(x, y) \qquad (3-15)$$

式中，κ_1 为一个近似看作不随 x 而变的常数。则结合式(3-14)和(3-15)可得：

$$B = \kappa\kappa_1 (\varphi_0 - BWx) f(x, y) \qquad (3-16)$$

则：

$$f(x, y) = \frac{B}{(-BWx)} \quad (3-17)$$

于是：

$$s(x, y) = \frac{Bl^2}{(-BWx)} \quad (3-18)$$

由以上可知，当光源及导光板结构一定时，利用光学设计软件进行仿真，选择合适的常数 κ、κ_1，即可得到亮度一定且均匀的网点排布方案。

与直下式 LED 背光源模组光学计算类似，侧入式 LED 背光源模组也采用相同的方法计算，结合对 LCD 屏、光学膜及温度等影响因素的研究分析，大致完成了 LED 背光设计中 LED 光通量及其功耗的理论计算。根据计算所得背光源的光通量并结合 LED 灯光学特性及导光板尺寸就可以计算出所需的 LED 灯的数量。

3.4 LED 背光模组的色域及色坐标计算

LED 背光模组设计中颜色管理是设计显示系统的重要环节。其目的是使被设计的系统获得最佳的亮度与色度复现度。

为了把自然界各种颜色表示在同一个平面坐标系的第一象限，1931 年国际照明协会(CIE)规定采用 XYZ 制(CIE 制)中的[X]，[Y]，[Z]作为标准色，其色度图称为 CIE 1931 色度图或 $x-y$ 色度图，如图 3-10 所示。

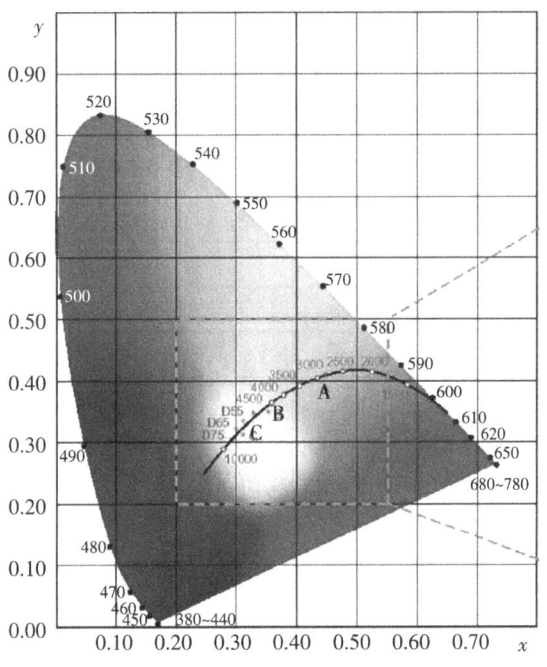

图 3-10　CIE 1931 色域图

衡量光学引擎或投影系统的固有颜色特征的关键指标分别是三基色坐标(x_r, y_r)、(x_g, y_g)、(x_b, y_b)和白色坐标(x_w, y_w)，通过对光学系统的光学频谱特性的设计和三刺激值的计算可以获得所需的指标。这一过程称为颜色管理。

图 3-11 是一个显示系统颜色管理的示意图，图中的横坐标代表光波波长，纵坐标代表光源和光学系统以及红绿蓝三色滤光片的频率响应。

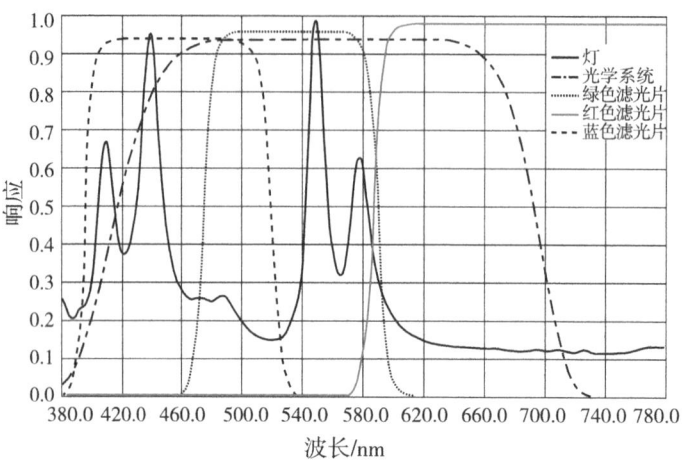

图 3-11 LCD 显示颜色管理示意

3.4.1 计算流程

1. 搜集光学部件谱线

搜集显示系统中各个对色度有贡献的光学部件的谱线如：滤光片、背光 LED、量子点等。一般来说，在使用 LCD panel 一定的情况下，整个模组的色域取决于背光的光谱，目前常用的几种背光解决方案如表 3-2 所示。

表 3-2 常用背光解决方案色域范围

LED 芯片	绿色	红色	色域（NTSC 1931）
蓝光芯片（445 nm）	YAG 荧光粉	YAG 荧光粉	68%～72%
蓝光芯片（445 nm）	β-salon 氮化物	锰掺杂氟硅酸盐	88%～92%
蓝光芯片（445 nm）	量子点	量子点	100%～110%

2. 计算基色光的三刺激值

在下式中代入如图 3-11 所示的所有谱线（由不连续的点构成），将连续积分转化为各谱线下共同面积的计算，算得：

$$\begin{cases} X = K\int_{380}^{780} \bar{x}\Phi(\lambda)\mathrm{d}\lambda \\ Y = K\int_{380}^{780} \bar{y}\Phi(\lambda)\mathrm{d}\lambda \\ Z = K\int_{380}^{780} \bar{z}\Phi(\lambda)\mathrm{d}\lambda \end{cases} \quad (3-19)$$

式中，$\bar{x}$，$\bar{y}$ 和 $\bar{z}$ 为色度 xyz 色度系统的色匹配函数，对于反射物体，$\Phi(\lambda) = R(\lambda)P(\lambda)$，对于透射物体，$\Phi(\lambda) = T(\lambda)P(\lambda)$，对于自主发光物体 $\Phi(\lambda) = P(\lambda)$，其中，$P(\lambda)$ 为照明光源或自主发光物体的光谱，$R(\lambda)$ 为反射物体的光谱反射率，$T(\lambda)$ 为透射物体的光谱透射率。

$$k = \frac{100}{\int_{380}^{780} \bar{y}P(\lambda)\mathrm{d}\lambda} \quad (3-20)$$

选择常数 k 的原则是完全漫反射面（$R(\lambda) = 1$）的三刺激值 $Y = 100$。

显示系统中某种基色光的功率波谱 $\Phi(\lambda)$ 可由下式表示：

$$\Phi(\lambda) = \Phi_e \Phi_{\text{filter}}(\lambda) \Phi_{\text{opt}}(\lambda) \Phi_{\text{lamp}}(\lambda) \quad (3-21)$$

式中，$\Phi_{\text{filter}}(\lambda)$，$\Phi_{\text{opt}}(\lambda)$ 分别代表某基色滤光片及光学系统其他部分的光谱，$\Phi_{\text{lamp}}(\lambda)$ 代表光源的归一化功率波谱。为了对问题进行必要的简化，此处姑且忽略成像模块对光波频率的依赖性，于是，Φ_e 是一个只代表成像模块电调制特性的量，与光波频率无关，$0 \leqslant \Phi_e \leqslant 1$。则该基色光的三刺激值分别为：

$$\begin{cases} X = \Phi_e \int_{380}^{780} \bar{x}(\lambda)\Phi(\lambda)\mathrm{d}\lambda \\ Y = \Phi_e \int_{380}^{780} \bar{y}(\lambda)\Phi(\lambda)\mathrm{d}\lambda \\ Z = \Phi_e \int_{380}^{780} \bar{z}(\lambda)\Phi(\lambda)\mathrm{d}\lambda \end{cases} \quad (3-22)$$

式中，$\bar{x}(\lambda)$，$\bar{y}(\lambda)$ 和 $\bar{z}(\lambda)$ 为 XYZ 制的分布三刺激值。对于不连续取样值，可以近似为：

$$\begin{cases} X = \Phi_e \sum_{380}^{780} \bar{x}(\lambda)\Phi(\lambda) \\ Y = \Phi_e \sum_{380}^{780} \bar{y}(\lambda)\Phi(\lambda) \\ Z = \Phi_e \sum_{380}^{780} \bar{z}(\lambda)\Phi(\lambda) \end{cases} \quad (3-23)$$

3. 计算 CIE 1931 色度图的色坐标 xyz

CIE 1931 色度图的色坐标 xyz 与三刺激值 XYZ 的关系为：

$$\begin{cases} x = X/(X+Y+Z) \\ y = Y/(X+Y+Z) \\ z = Z/(X+Y+Z) \end{cases} \quad (3-24)$$

在忽略成像模块对光波频率的依赖性的情况下，系统某一基色的色坐标 xyz 与成像模块的电调制特性 Φ_e 无关。可见，通过电子调节不能改变三基色的色坐标，它们是由系统的固有光学特性唯一确定的。

同样白点的三刺激值可以表示为：

$$\begin{cases} X_W = \int_{380}^{780} \bar{x}(\lambda) \Phi_W(\lambda) d\lambda \\ Y_W = \int_{380}^{780} \bar{y}(\lambda) \Phi_W(\lambda) d\lambda \\ Z_W = \int_{380}^{780} \bar{z}(\lambda) \Phi_W(\lambda) d\lambda \end{cases} \tag{3-25}$$

式中，$\Phi_W(\lambda) = (\Phi_{eR}\Phi_{filterR}(\lambda) + \Phi_{eG}\Phi_{filterG}(\lambda) + \Phi_{eB}\Phi_{filterB}(\lambda))\Phi_{opt}(\lambda)\Phi_{lamp}(\lambda)$，$\Phi_{eR}$、$\Phi_{eG}$ 和 Φ_{eB} 分别代表 RGB 的电子调节量；YW 与输出白光的光通量成正比。

通过对 RGB 不等量的电子调节可以改变白点的色坐标，也能够混出所需要的颜色来。反之，通过对 RGB 等量的电子调节不会改变白点的色坐标，却可以获得不同的亮度。

可以看出，如果 RGB 三个通道的电性能不一致，将会导致暗平衡不良。

4. 色坐标转换

当用来表示色差或色域时，CIE 1931 色度图并不是一个理想的色度图。为便于计算色度复现误差，一般采用 CIE 1976 UCS 均匀色标制（uniform chromaticity scale），CIE 1976 UCS 均匀色标制与 XYZ 色标制间的转换关系为：

$$\begin{cases} u' = 4x/(-2x + 12y + 3) \\ v' = 9y/(-2x + 12y + 3) \end{cases} \tag{3-26}$$

5. 色域

对三基色电视（显示器），用以下公示计算三色色域面积 S 及器件固有色域覆盖率 G_p：

$$G_p = (S/0.1952) \cdot 100\% \tag{3-27}$$

$$S = ((u_r' - u_b')(v_g' - v_b') - (u_g' - u_b')(v_r' - v_b'))/2 \tag{3-28}$$

6. 色温

知道白点的色坐标后，可以通过以下近似公式估算一定范围内白点的色温：

$$\begin{cases} T = -437n^3 + 3601n^2 - 6861n + 5514.31 \\ n = (x - 0.332)/(y - 0.1828) \end{cases} \tag{3-29}$$

式中，(x, y) 为白点的色坐标。

在色温高于 3 000K 的情况下，Javier Hernández-Andrés 等提出的近似公式：

$$T_s = A_0 + A_1\exp(-n/t_1) + A_2\exp(-n/t_2) + A_3\exp(-n/t_3) \tag{3-30}$$

在高色温范围，这一近似公式的计算误差更小，见表 3-3。

表 3-3 计算误差

常数	3 000～50 000K	50 000～8×10⁵K
x	0.336 6	0.335 6
y	0.173 5	0.169 1
A_0	-949.861 35	36 284.489 53
A_1	6 253.803 33	0.002 28
t_1	0.921 59	0.078 61

续表

常数	3 000~50 000K	50 000~8×10⁵K
A_2	28.705 99	$5.453\ 5 \times 10^{-36}$
t_2	0.200 39	0.001 543
A_3	0.000 04	
t_3	0.071 25	

7. 计算色差

色度复现误差 ΔC 可由下式计算：

$$\Delta C = \frac{\sqrt{(u' - u_0')^2 + (v' - v_0')^2}}{0.003\ 84} \qquad (3-31)$$

其单位用最小视觉差 JND(Just-noticeable Difference)表示。

色度均匀性：

$$\Delta u'v' = \frac{\sqrt{(u' - u_0')^2 + (v' - v_0')^2}}{1} \qquad (3-32)$$

一般要求 $\Delta u' \leq 0.015$ 和 $\Delta v' \leq 0.015$，对应于色度复现误差 $\Delta C \leq 5.5$ JND。

3.4.2 常见LED模组光学设计问题

1. 侧入式防漏光设计注意事项

漏光是侧入式模组常见的问题，设计时要综合考虑光束区域、下扩丝印区域、导光板入光区域、增亮片区域、上扩或DBEF区域、胶框，O/C有效显示区的关系，同时考虑LED与LGP光轴偏移的情形，以防止光束从缝隙中漏出造成不良。

实例介绍(图3-12)：

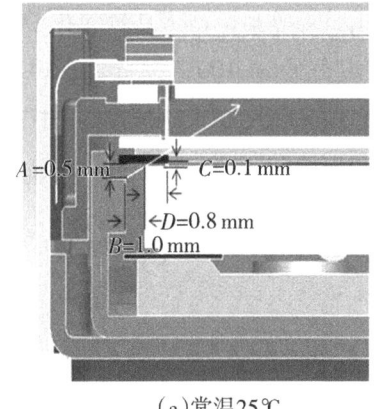 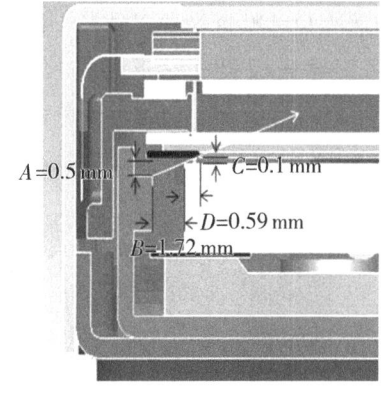

(a)常温25℃　　　　　　　　　　(b)低温0℃

图3-12　入光侧剖面图

A 值为LED顶部到导光板顶部的距离，$A = 0.5$ mm(因为LED的SMT公差为 ±0.1 mm，所以 A 值范围为 0.4～0.6 mm)。

B 值为 LED 正面到导光板入光面的距离，B = 1.0 mm(LED 的定位间隙 ±0.1 mm, LGP 外形公差 ±0.3 mm(单边 0.15)，所以 B 值的范围为 0.75～1.25 mm, 0℃导光板会收缩 1.4‰×1024/2 = 0.72 mm, 所以 0℃时 B 值范围为 1.47～1.97 mm)。

C 值为 LGP 上表面与下扩丝印的间隙，D = 0.1 mm(C 值其实是最上面一张膜片与胶框下表面的间隙值，再加上背板折墙有 ±0.1 mm 的公差，所以 C 值范围为 0～0.2 mm)。

D 值为导光板入光面到下扩丝印内侧的距离，C = 0.8 mm(当 A/B < C/D 时，LED 光线会从导光板和下扩丝印之间的缝隙射出，产生漏光)。

如下实例(图 3 - 13):

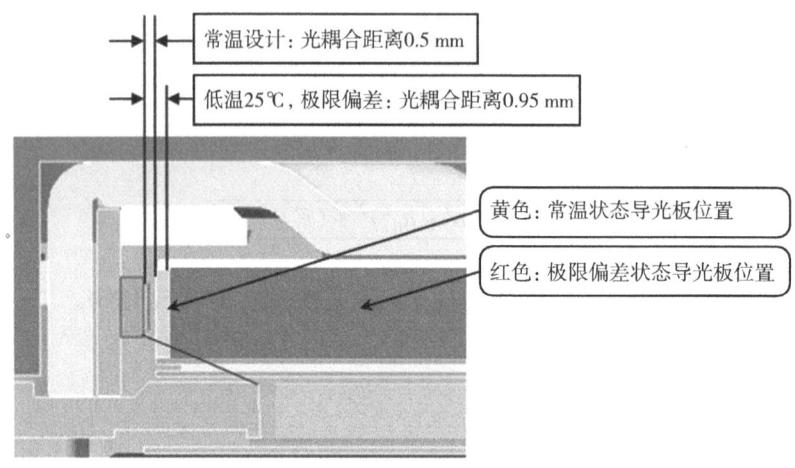

图 3 - 13　剖面图

光耦合距离极大状态的入光侧漏光。

(1)设计常温状态下，LED 的上边缘与胶框 AA 区下边缘的连线被导光板挡住(即 LED 未进入导光板的光线，无法照射到胶框与导光板的缝隙处)，无漏光风险。

(2)当后壳尺寸贴近结构尺寸的上限(+0.4, 相对导光板定位点计算变化 = 100/700 × 0.4 = 0.05)、导光板尺寸贴近结构尺寸的下限(定位距离 100, 按低温 25℃, 收缩率 0.3%, -0.3)、灯条安装位置走外侧极限时(+0.1), 此时光耦合距离最大 = 0.95, 在此极限状态下如图 3 - 14 所示，依然无入光侧漏光风险。

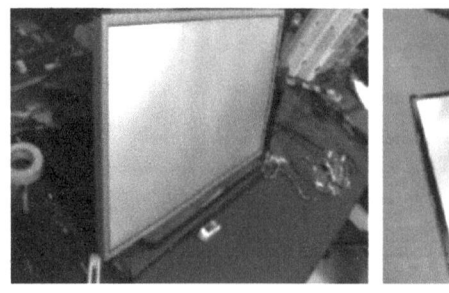 

图 3 - 14　极限状态无入光侧漏光风险

2. 黑影问题—设计注意事项

黑影,主要表现在经过机械振动试验后膜片和玻璃之间的划伤,造成主观上的黑影黑线问题,设计时需要注意以下事项:

①减少膜片可活动空间;
②减少 O/C 可活动空间;
③控制部品清洁度,设计上避免产生异物的风险,如减少背板开孔,胶框不可出现薄胶结构。

3. 褶皱问题—设计注意事项

褶皱包括膜片本身经不起高低温环境而自身褶皱和结构限制导致的膜片褶皱。除了膜片本身的褶皱外,为避免结构限制导致的膜片褶皱,设计上需要注意以下事项:

①温度影响;
②材料物理特性;
③机械应力和重力的影响;
④静电吸附;
⑤注意膜片自身的挺性影响,大尺寸尽量选用复合膜片。

4. 由于振动实验造成的白点问题—设计注意事项

在导光板与下扩及反射片产生相对运动时,残留于膜片与导光板之间异物会对膜片及导光板造成刮伤,同时膜片与导光板表面本身就会产生摩擦从而产生磨痕,这些磨痕在光学上常常表现出不规则的白点。

但由于导光板具有受热膨胀和吸水膨胀的特性,所以不能采用刚性的定位方式,只能采用橡胶等软质的弹性定位方式,从而使导光板在高速振动时不可避免地会产生运动。

克服白痕问题目前主要有以下方向(z轴极限间隙至少 0.2 mm 以上):

※解决白痕问题优先从结构设计层面解决,如果结构设计上无法克服时,将考虑从光学件的材料搭配上进行改善,如选用微结构导光板,大颗粒涂布层的反射片,大涂布层粒子的下扩散片。

5. 直下式防灯影设计—注意事项

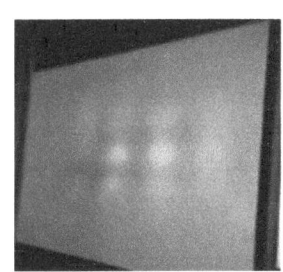 

图 3-15 直下式反射片

①背板不允许内凹,外鼓需控制在 3.0 mm 以内;
②反射片需要粘贴牢靠,不允许翘起;

③光学 OD 值需要留设计余量,不能设计得过小,避免由于机械结构变形导致灯影;
④结构设计需保证 LB 不会出现侧翻及翘起现象;
⑤灯支撑需要和光学一起确认最好的片状结构方式,选择透光率高的材料,同时灯支撑的位置要尽量位于相邻两条 LB 的 4 颗 lens 的中心。

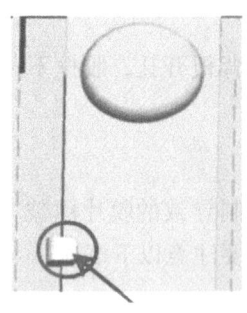 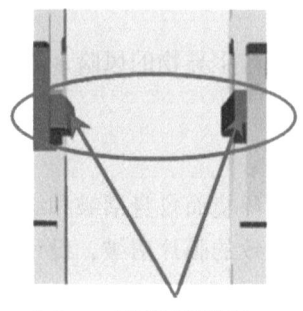 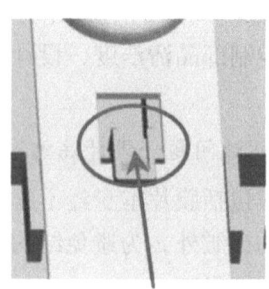

(a)LB 易侧翻及翘起　　　(b)LB 不易侧翻及翘起　　　(b)LB 不会侧翻及翘起

图 3-16　直下 LB 固定结构对比

6. Morie 问题——注意事项

两组间距且频率相同的透明光栅(grating)或格子(grid)重叠而成的图案叫摩尔纹。在实际应用中,通常是由于增亮片的棱镜微结构的间距与屏的像素点间距接近造成的,如图 3-17 所示。

图 3-17　Morie 现象

在设计中改善 Morie 现象的方法:
①增加扩散片;
②偏转增亮片角度;
③调整增亮片棱镜结构。

4 Mini-LED 背光源

4.1 前言

2002年至今,我国在液晶显示(LCD)产业上投资超过1万亿元,近几年在有机发光二极管(OLED)显示产业的投资也超过了6 000亿。2020年我国的LCD显示屏产量超过已经占据全球第一,根据中商产业研究院发布的《2024—2029年中国OLED显示行业市场前景预测及未来发展趋势研究报告》数据显示,2023年中国大陆OLED面板出货约2.9亿片,同比增长约71%。中商产业研究院分析师预测,随着消费电子市场的不断发展和OLED技术的不断进步,2024年中国OLED面板出货量将超过3亿片。借助国家的力量,促进产业蓬勃发展,可以说我们这一代赶上了百年不遇的产业发展窗口。同时,现在也是显示技术大爆发的时代,从传统的LCD、OLED到激光投影、量子点(quantum dots,QD)液晶显示,再到这两年火热的Mini-LED、Micro-LED、QD-OLED、QNED等显示技术,就算是显示技术的从业者往往也会有"乱花渐欲迷人眼"之感。处在这样一个"春花烂漫"的时代,从业者们需要意识到的是在多种显示技术的集中爆发后,根据市场法则最终占据主导地位的必然只有一种技术,即"我花开后百花杀"的残酷结局。历史经验告诉我们,就如同LCD技术淘汰阴极射线显像管(CRT)和等离子显示技术(PDP)一样,目前多样化的显示技术长期来看,在未来只有一种或两种技术可以脱颖而出,成为真正的下一代显示技术,作者从TV显示技术的发展,介绍Mini-LED背光技术的发展现状。

Mini-LED的概念源于Micro-LED技术的发展。尽管Micro-LED用于直接显示的优势非常突出,然而受限于巨量转移等技术的发展,距离市场化仍有一定的距离。传统的LED的尺寸一般为毫米级别,而Micro-LED的尺寸一般为<100 μm。在传统的LED和Micro-LED之间,存在一个芯片的尺寸断层,被称为Mini-LED技术。Mini-LED技术可以看作是LED向Micro-LED技术的过渡,由于Mini-LED技术难度相对较低,同时得益于液晶直下式LED满天星技术方案,Mini-LED技术在液晶显示背光中产生了应用前景,成为Mini-LED发展的主要推动力。此外,Mini-LED相关的巨量转移、检测等技术对于Micro-LED的发展具有一定推动作用,也成为Mini-LED技术发展的推动力量。

Mini-LED显示技术主要分为两大类,一类是直接将Mini-LED通过PM无源矩阵驱动或AM有源矩阵驱动,是最接近Micro-LED的显示技术,尚有多项技术问题未攻克,还没有实现商业化应用;另外一类则是Mini-LED背光技术,通过将Mini-LED背光与LCD结合,可以大大提升LCD在对比度和运动模糊方面的性能,同时保持超薄厚度,使LCD技术升级到新的台阶,提升基于LCD终端产品的市场竞争力。

本章仅就目前离产业应用最近的Mini-LED背光技术进行讨论,从Mini-LED背光技术的定义出发，回顾近年来 Mini-LED 背光技术在显示产业的应用状况，阐述 Mini-LED 背光技术对传统 LCD 显示产业的意义。在此基础上，结合作者从业多年来对 Mini-LED 背光技术以及显示技术的积淀，在 Mini-LED 背光技术层面和 TV 的应用层面提出 Mini-LED 背光技术发展中存在的问题和挑战，以及 Mini-LED 背光技术应用在 TV 产品中未来可能的发展方向。

4.2 Mini-LED 背光的定义

目前在产业界还没有形成 Mini-LED 标准。如图 4-1 所示，不同厂商在产业链中所处的位置不同，对于 Mini-LED 背光技术的定义标准也不同。

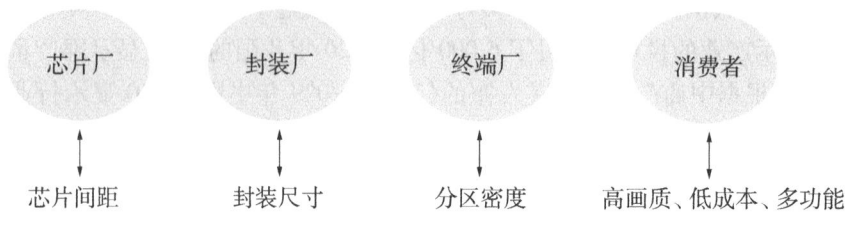

图 4-1 Mini-LED 背光的定义角度

从 Mini-LED 名词自身的角度看，需要按照芯片的尺寸来定义，目前通常认为，Mini-LED 指的是芯片短边尺寸介于 75~300 μm。

而对于封装厂而言，在分区数量较少的情况下使用微米级的芯片用于背光方案，芯片的数量大大增加，驱动电流大大降低，芯片的发光效率也随之大大降低。

对于 TV 产品应用，Mini-LED 背光技术提供实现 Local Dimming 技术更多的分区。因此单位面积的分区数量（即分区密度），是终端厂家评价 Mini-LED 背光的重要参数。

对于普通消费者而言，他们更多关注的是产品的性能、功能以及价格，对于选购的产品是否采用 Mini-LED 背光技术并不关心，他们更关心的是与 Mini-LED 背光相关的高画质参数是否能够带来全新的附加功能。在这方面还没有明确的标准。

一项技术的价值取决于它能够给最终使用者的赋能。就此而言，Mini-LED 背光的定义应该根据其能够给终端带来的价值提升来定义，而在这个问题上目前行业内最大的难题是，Mini-LED 背光技术能够实现的高分区、高亮度、高对比度等性能，使用传统的直下式背光（满天星方案）也能够达到，也就是在高画质的性能提升方面，Mini-LED 背光技术与满天星背光技术相比辨识度较低，这也是在应用角度目前难以对 Mini-LED 背光技术进行准确定义的主要原因。从 Mini-LED 背光的结构示意（图 4-2）可以看出，除了所用 LED 芯

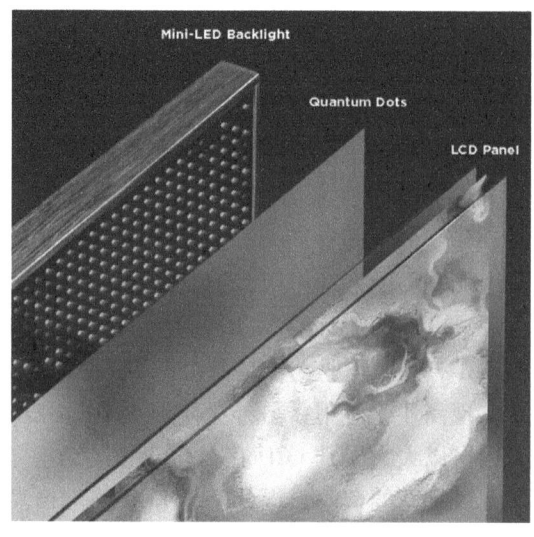

图 4-2 Mini-LED 背光的结构示意（与 LCD 集成）

片尺寸的不同，其他部分的结构与直下式 LED 背光的结构基本无异。

4.3 Mini-LED 背光技术在产品中的应用

为了更好地展现出 Mini-LED 背光技术的应用优势，首先概述目前已展出或已投入市场的多款产品，发展路线如图 4-3 所示。各品牌厂商发布的 Mini-LED 背光的电子产品的具体参数如表 4-1 所示。Mini-LED 背光技术与目前行业上流行的其他显示技术相比最大的优势就在于其在材料上没有科学性难题，最容易也最快被量产并投入市场中。

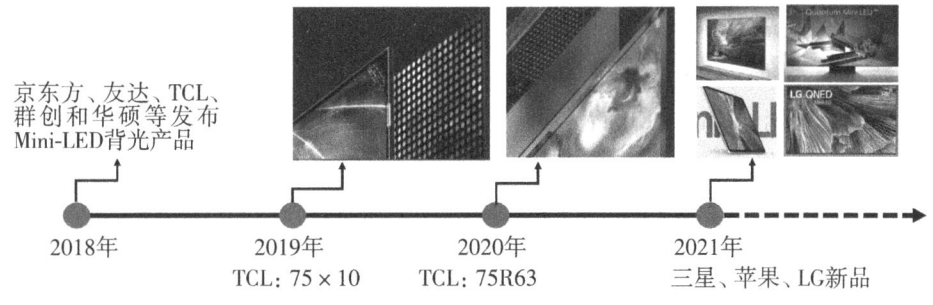

图 4-3 基于 Mini-LED 背光产品的发展路线

表 4-1 各品牌厂商发布的 Mini-LED 背光的电子产品参数

品牌/厂商	TCL	TCL	Apple	TCL
发布年份	2018	2019	2020	2020
型号	—	75X10	XDR	R63
尺寸	65 寸	75 寸	31.5 寸	75 寸
峰值亮度	2 000nit	1 400nit	1 600nit	—
芯片数量	28 万	25200	576	3800
色域	NTSC 100%	DCI-P3 95%	DCI-P3 98.7%	DCI-P3 95%
分区	7200	900	576	240
厚度/mm	9.9	15.5	27	25
分辨率	4K	8K	6K	4K

2018 年 5 月，在美国显示技术学会(Society of Information Display, SID)展上，京东方、友达、群创和华硕等公司，分别展出了 6 寸到 27 寸的基于 Mini-LED 背光技术的产品样机。在随后 2018 年 9 月的 IFA 展(Internationale Funkausstellung Berlin，柏林国际电子消费品展览会)上，TCL 电子在行业内最早展示了基于 Mini-LED 背光技术的 65 寸 TV 样机。2019 年 3 月，TCL 电子有限公司发布了使用 Mini-LED 背光技术的高端电视 75X10，这是全球第一款将 Mini-LED 背光技术应用于消费市场的产品。2020 年 TCL 电子在北美发布了低成本的 Mini-LED 背光电视 R63 系列，在维持高亮度、高对比度性能的同时，将 LED 的

使用数量降低到 3 800 颗，以此来降低成本。

此外，韩国三星于 2021 年首次推出自己的 Mini-LED 背光电视，出货量超过 200 万台，市场需求有所提高。三星以 Mini-LED 背光 + QLED 的产品挑战 OLED 电视，这一新产品将加入包括 QLED 智能电视和 Micro-LED 电视在内的三星高端产品系列中，三星宣称 Mini-LED 电视将提供比目前市面上的 QLED 智能电视更好的体验。

三星在 2021 年的 Mini-LED 背光电视系列包括 55 英寸、65 英寸、75 英寸和 85 英寸的显示器尺寸具备 4K 分辨率，以及多个 Mini-LED 局部调光区，可将现有显示器对比度由 10 000∶1 拉升至 1 000 000∶1。采用直径为 100～300 μm 的超小型 LED 芯片作为背光源，每台电视使用 8 000～30 000 个 LED 芯片。

以 OLED 为其代表技术的 LG 公司近日有消息称将在 CES 2021 上展出最新使用 Mini-LED 背光技术的 QNED 电视（Q 代表量子点技术，N 代表 NanoCell 系列名）。LG QNED 电视的最大特征是采用了 Mini-LED 背光技术，并拥有多达 2 500 个控光分区。在面板层面，LG QNED 电视将提供 8K 分辨率和 120Hz 刷新率的超高指标。

此外美国的苹果公司，也将在 2021 年 Q1 发布其采用 Mini-LED 背光技术的 12.9 寸的 iPad 产品。

综上所述，Mini-LED 背光技术已经在 TV 产品中得到了实际的应用，也取得了较好的市场反响，甚至有人称 2020 年是 Mini-LED 背光显示技术的元年，在 2021 年世界主流消费电子厂商将纷纷入局 Mini-LED 显示技术，切入点都是 Mini-LED 背光。那么，Mini-LED 背光在 TV 产品应用中到底有哪些不可替代的优势呢？

目前在 TV 显示技术领域，大的格局是 LCD 技术与 OLED 显示技术的竞争。相比传统的 LCD 技术，OLED 技术对 LCD 技术主导的 TV 产业带来了巨大的挑战。凭借其主动发光的特性，省却了 LCD 必需的背光源，首先在形态上带来的轻与薄是显而易见的，市场上厚度 5 mm 以下的 OLED TV 比比皆是。其次在画质方面也带来了明显的提升，尤其是在对比度和可视角度两项指标上。因为主动发光，所以不存在 LCD TV 的漏光问题，理论上不存在黑场漏光，即理论上讲对比度可以趋于无穷大。

而 LCD TV 显示技术的发展趋势就是通过对背光和屏两项技术进行不断升级改进，从而不断提升 LCD 技术的显示指标，使 LCD TV 产品无论在形态和性能上都能接近或者超过 OLED TV。在这种大环境下，Mini-LED 背光技术应运而生。如图 4-4 所示，首先，Mini-LED 背光技术可以在理论上实现高密度的分区，在技术上可以大大提高 LCD 显示的动态对比度。其次，Mini-LED 背光使用超多的芯片数量，每个芯片的驱动电流只有 5～10 mA，而实际这些芯片的额定驱动电流通常都在 50～100 mA，所以我们的使用电流远远低于其额定电流，而且由于 Mini-LED 背光方案中，LED 芯片会均匀地分布在整个显示区域，散热面积大，热量分布均匀，这些特性都有助于实现 Mini-LED 背光 TV 产品的高亮度。高亮度和高对比度再加上普遍应用于 TV 产品的量子点高色域技术，就可以在 HDR（high-dynamic range）层面超过 OLED，增加 LCD TV 产品在终端的竞争力。

在外观形态上，由于 Mini-LED 背光方案通常 OD 值（optical distance，混光距离）较小，一般小于 5 mm，这样在整机厚度上大大低于传统的 LCD 直下式背光产品，在外观形态上接近 OLED，弥补了 LCD TV 的短板，在高端机层面可以与 OLED TV 一较高下。

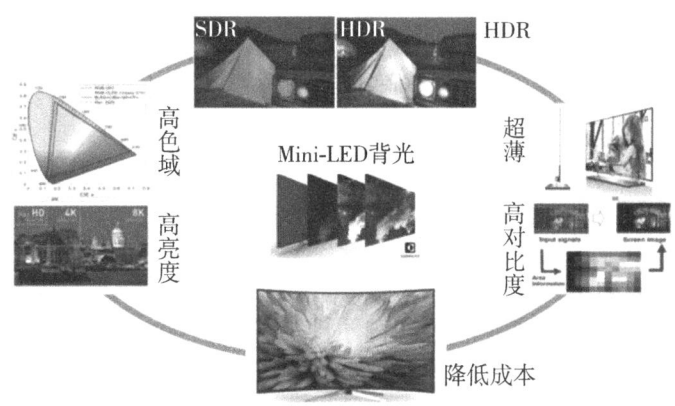

图 4-4　Mini-LED 背光在 TV 上的技术优势

总之，综合显示性能和外观形态这两个关键参数，Mini-LED 背光技术可以助力传统 LCD 技术在成本提升有限的情况下，最大限度地提升产品竞争力，在 TV 显示领域，助力 LCD 显示技术战胜 OLED。这是 Mini-LED 背光技术对于 LCD TV 最为重要的贡献和价值。

4.4　技术层面 Mini-LED 背光的难点

Mini-LED 背光技术虽然已经开始应用于实际产品中，但仍然存在很多技术挑战。在此，笔者将从技术层面出发，分别阐述 Mini-LED 背光在芯片、巨量转移、缺陷管理、驱动技术、背板技术以及混色六个方面所面临的技术问题与挑战。

4.4.1　芯片技术的难点

首先是芯片的良率问题，Mini-LED 背光所用芯片因为受到线宽精度和电极遮光的影响，芯片自身的亮度降低，从而影响

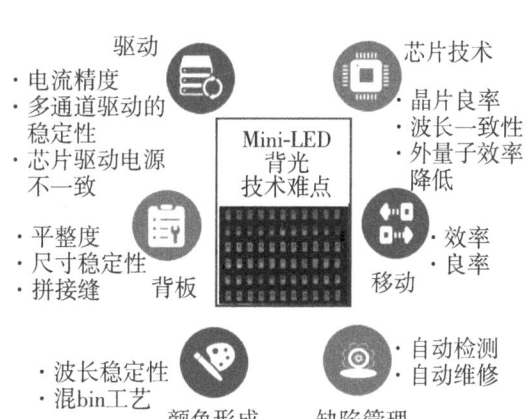

图 4-5　Mini-LED 背光面临的技术难点汇总

到 Mini-LED 背光所用芯片晶圆的良率。目前 Mini-LED 背光所用芯片晶圆的裁切良率一般为 75% 左右。其次是波长一致性的问题，Mini-LED 所用芯片通常采用化学气相沉积的方式来生产，化学气相沉积法存在膜厚均一性的问题，这个问题反馈到芯片性能上就是发光波长一致性的问题。一般的 LED 产业采用多次分 Bin 技术来解决这一问题，通常一个 Bin 的精度为 2.5 nm，而 Mini-LED 背光技术所用的芯片，由于数量巨大，且涉及亮度和色度一致性的问题，需要分 Bin 的精度精确到 1~1.5 nm 才能满足应用的要求。这样就同时对晶圆的品质（优化晶圆生长过程，提高芯片的波长一致性）和后续的分选精度提出了更高的要求。此外，随着芯片尺寸的大幅减小，在小电流驱动下，芯片自身外量子效率也会随之下降。Mini-LED 背光芯片在小电流下工作时光电转换效率会大幅下降，相比绿光和红光芯片，蓝光芯片的光电转换效率下降幅度较小，能够满足实际产品的应用要求，这也是为什

么目前基于 Mini-LED 背光的产品基本都采用蓝光 LED 芯片配合光转换材料进而实现白光发射，其中光转换材料的选择又以量子点材料为最佳。量子点材料的引入可以提升 Mini-LED 背光产品的色域。

4.4.2 转移技术的难点

Mini-LED 背光技术的芯片转移难度虽然无法与 Micro-LED 和 Mini-LED 显示技术所需的巨量转移相提并论。但在实际应用中仍然面临着转移效率和良率的问题，转移效率和良率直接影响 Mini-LED 背光产品的成本，例如目前 75 寸 Mini-LED 背光灯板加驱动的报价普遍在传统灯板加驱动报价的 10 倍以上，两种背光之间的巨大价格差阻碍了 Mini-LED 背光技术在终端显示市场中的应用和推广。Mini-LED 芯片的转移通过高速贴片机或固晶机实现，Mini-LED 芯片的焊点面积小，因 SPI 设备的检测精度不足，空洞率较高，容易造成焊点假焊，这两种转移方式均不可避免，尤其在通过回流焊之后，假焊现象更容易造成转移的不良。

转移的精度和速度也是 Mini-LED 背光技术面临的技术难点，而且这两个技术指标相互矛盾。通常情况下，首先保证转移的精度，在此基础上再尽可能地提高转移速度。使用 COB 转移方式的 Mini-LED 背光，要求转移精度在 $10 \sim 20\ \mu m$，目前行业内较好的固晶机可以在保证此精度的前提下将转移速度 UPH 提升至 50 K。当然，也有使用激光转移技术的公司宣称转移速度 UPH 可以达到 200 K。但无论如何，目前 Mini-LED 芯片转移技术的效率和速度离终端应用的需求仍有一定差距。

4.4.3 缺陷管理的难点

此处缺陷的概念不仅是指在转移过程中的不良，也包括芯片的微缺陷不良、基板和焊盘的不良、刷锡膏的不良等。由于 Mini-LED 背光灯板使用相关部品的一致性和良率要求都比传统的背光灯板高得多，为了尽可能提高转移制程的直通率和效率，需要配备专业的设备对相关部品进行自动缺陷检测与筛查。

芯片转移过程中的缺陷检测与筛查也必不可少，例如在回流焊之前对焊盘位置和锡膏厚度的检测，在回流焊之后对转移缺陷和死灯的检测，以及检测之后的自动维修。这些检测步骤和环节作为转移制程中良率的补充工艺，对 Mini-LED 背光灯板技术至关重要。

4.4.4 驱动技术的难点

Mini-LED 背光技术的驱动电流较小（<10mA），这就对驱动 IC 控制电流的精度提出更高的要求，一般需要将 Mini-LED 背光的驱动电流精度控制在 ±1.5% 范围内，才能提供稳定的画面输出，而一般传统 LED 背光的电流驱动精度仅为 ±10% 左右。由于目前 Mini-LED 背光中使用的芯片数量较多，整机功率增加，因此通常采用供阴式驱动 IC，以此来降低 Mini-LED 的功耗和温度。为了降低驱动成本，Mini-LED 背光使用的驱动 IC 通道数越来越多，需要提高多通道电流的稳定性和精度来满足应用的需求。如果考虑到 RGB Mini-LED 背光的需求，RGB 三基色芯片的驱动电流和电压均不同，且涉及亮度和颜色一致性问题，届时将会对 Mini-LED 的驱动技术提出更高的挑战。

4.4.5 背板技术的难点

按照背板的材质可以分为玻璃基板和 PCB 基板。这两种基板各有优劣势，目前基本以 PCB 基板为主，未来玻璃基板可能会成为主流。

PCB 基板由玻璃纤维、金属层和各种图层复合在一起组成，具有很高的韧性，不易因碰撞造成损伤。PCB 基板制程成熟，可以根据不同需求搭配 PCB 层叠厚度与线路，在开发阶段具有很高的灵活性和开发效率。PCB 基板的尺寸可以随意变化，不受限制，驱动 IC 可放置在 PCB 基板后面，减少无效区，提升拼接的兼容性。但是 PCB 基板存在成本高、尺寸稳定性差、基板本身的平整性差、受热或过回流焊后容易板材翘曲、驱动成本高等问题。

玻璃基板与 PCB 基板相反，首先在做多层线路时，玻璃基板使用 TFT 的光罩工艺来制作线路，虽然初期开发时一次性投入大，但是玻璃基板成本低，以四层板为例，其价格预计仅为 PCB 板的 1/3。而且玻璃基板的平整度高（>99.9999%），适合大面积高精度的 Mini-LED 背光芯片的转移。由于使用光罩工艺，玻璃基板的线路和焊盘的精度极高，与 PCB 不在一个数量级上。如果用 TFT 的 Source IC 驱动，驱动成本将大大降低。

尽管玻璃基本有以上这些优势，但仍有几个问题亟须解决。首先是 IR Drop 问题，由于 TFT 基板的线路电迁移率低，电流的线阻较大，造成电流输入端与输出端的电流分布不均，从而造成亮度差异较大。其次，TFT-LCD 一般使用电压驱动，而 Mini-LED 背光技术使用的是电流驱动，电压驱动模式下较小的电压波动对于 TFT-LCD 的显示性能影响不大，但当电压波动转换成电流波动时，对亮度的影响较大。除此之外，还存在温升、可靠性等一系列问题。

4.4.6 颜色形成的技术难点

Mini-LED 背光使用蓝光芯片时，由于波长一致性、驱动电压、电流波动的影响，在背光全白场检测中经常出现白场亮度不均或色度不均的问题。在传统产业中，波长一致性的问题通常通过混 Bin 的方法来解决，但一般混 Bin 都是在完成封装后再进行，将已经分好 Bin 的 LED 按照不同算法选择混合，而 Mini-LED 背光通常使用 COB 的方案，芯片按照同一 Bin 排布在蓝膜上，如果在转移过程中进行混 Bin 就会降低转移的速度，同时大大增加转移的难度，所以目前颜色形成中出现的光色不均匀性的问题，一般使用增加膜片的层数和扩散度，或者使用 D-mura 技术，但这些方法都会牺牲 Mini-LED 背光的亮度，增加功耗，进而容易造成热量集中等问题。

4.5 芯片技术的难点

4.5.1 Mini-LED 背光芯片工艺（衬底、外延、芯片）

传统 LED 制程主要包括三部分：衬底、外延生长、芯片工艺。目前市场上的 Mini-LED 芯片制程主要是采用图形化的蓝宝石衬底在 MOCVD 中进行 GaN 外延生长得到高质量的外延片晶圆,然后再进行不同类别的芯片制程,从而得到 Mini-LED 芯粒。

1. 衬底

图形化蓝宝石衬底:图形化蓝宝石衬底相比于平面蓝宝石衬底有诸多优点,在 GaN 外延生长时能有效降低位错密度,提高晶体质量从而增强有源区的辐射复合效率;另一方面有源区发出的光,经 GaN 外延层和蓝宝石衬底界面多次散射,增加了有源区的光从蓝宝石衬底面出射的概率,提高光的提取效率。

对蓝宝石衬底进行图形化的方法主要基于曝光和刻蚀技术。传统的图形化技术主要是利用光刻胶作为掩膜,采用标准的半导体工艺对蓝宝石进行刻蚀得到图形化蓝宝石衬底。目前国内也有企业采用纳米压印技术来制备图形化蓝宝石衬底,通过光刻胶辅助,将模板上的微纳结构转移到待加工的蓝宝石上。纳米压印技术相较于传统的光刻方式,工艺制程相对简单,能有效降低生产成本,同时纳米压印在制备多种材料的复合图形化衬底中,可以避免光刻过程中由于表面不平整造成的色差问题。

纳米压印工艺:首先制作压印软膜,待软膜制作好后,在衬底上均匀涂上紫外固化胶,将带有紫外固化胶的衬底与软膜接触并对软膜施以均匀的压力,紫外固化胶在压力的作用下被挤压填充到软膜对应的孔洞位置形成 PR 图案,然后进行紫外固化。压印后的衬底缓慢下降,从而实现将固化的 UV 胶和软膜版分离开来,得到纳米压印的成品,实现将软膜版上的图形转移到紫外固化胶之上。图形转移至衬底上后,进行 ICP 刻蚀表面,再针对不同外观及规格进行分规,然后入库。压印衬底工艺流程与图形化衬底成品 SEM 图如图 4-6 所示。

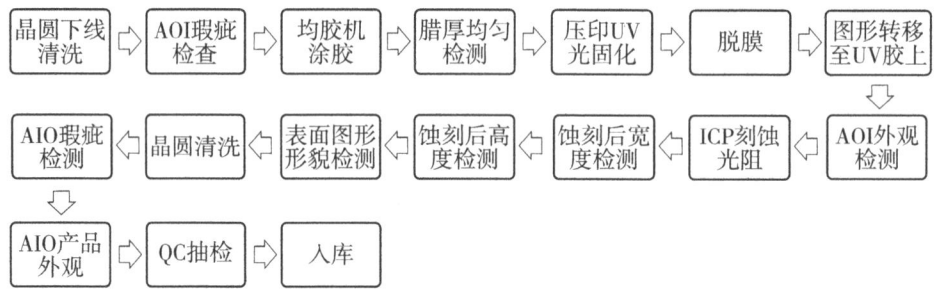

(a)压印衬底工艺流程

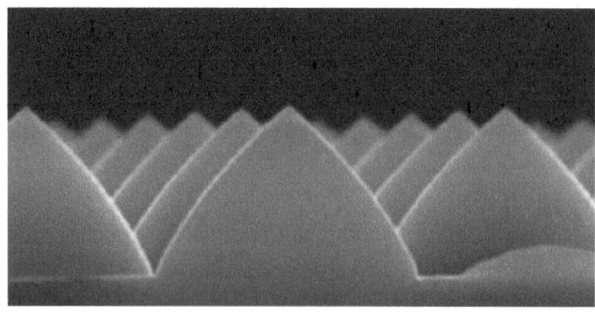

(b)图形化衬底成品 SEM 图

图 4-6 压印衬底工艺流程与图形化衬底成品 SEM 图

2. 外延

一般来说，蓝宝石衬底 GaN 基外延结构从下到上主要包括 u-GaN、n-GaN、MQWs、p-AlGaN、p-GaN，如图 4-7 所示。u-GaN 作为缓冲层为后续的 n-GaN 进行高质量的外延生长，n-GaN 通过 SiH4 提供 Si 原子进行 n 型掺杂提供电子，p-AlGaN 作为电子阻挡层，p-GaN 通过 Mg 原子进行 p 型掺杂提供空穴，电子和空穴在 MQWs 中进行辐射复合发光。外延工艺如下。

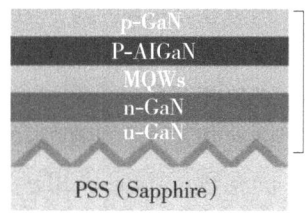

图 4-7 蓝宝石衬底 LED 的外延结构

(1) 通过车间洁净度监控管制、提高外延段作业的自动化程度和减少车间工作人员、优化外延工艺条件以及反应室 Ceiling 设计，实现控制外延表面颗粒的数目，减少由于颗粒产生缺陷而导致的良率下降。

(2) 外延生长中容易出现晶格失配、热失配现象，通过生长 AlN 层及优化外延生长条件来减小晶格失配，达到控制缺陷密度的目的，减少缺陷产生，提升波长均匀性。

(3) 通过改造或购买新型 MOCVD 设备，实现腔体内热场和流场的均匀性控制，提高量子阱中 In 组分均匀性，从而提升波长均匀性。

(4) 对外延生长石墨盘进行优化设计，降低边缘效应，减少外延片区域性波长偏长或偏短问题，使外延生长过程中的温场和流场更加均匀，增加波长均匀性。

(5) 通过调节外延量子阱气氛、生长温度和 V/Ⅲ 比，如图 4-8 所示，改善外延底层以及量子阱的晶体质量以及均匀性，减少 In 组分的相分离，实现发光波长集中度提高的目的。

3. 芯片

芯片制程是将外延生长好的晶圆片制作为单颗分离的 LED 芯粒的过程，根据电极设计及出光方向又可将芯片分为正装芯片、倒装芯片、垂直芯片三种。Mini-LED 应用于背光显示主要包括正装芯片和倒装芯片两种。

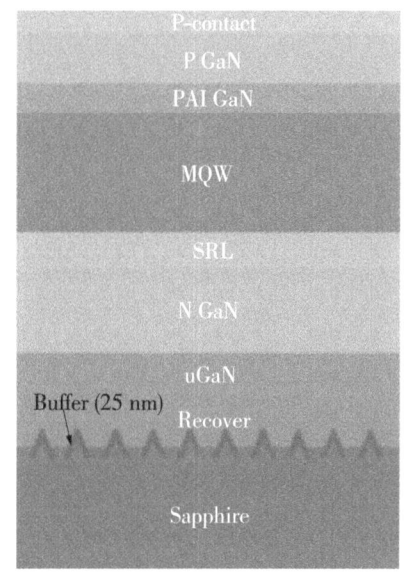

图 4-8 LED 外延结构

正装工艺：首先将外延片刻蚀至 n-GaN 形成台面结构，然后在 p-GaN 表面沉积 ITO 等透明导电层提高电流扩展，紧接着在 p 型和 n 型 GaN 表面沉积金属电极，用作后续与封装支架的互联凸点。最后在整个芯片表面除电极打线区域外形成钝化层保护芯片，防止空气中的水氧进入芯片，影响芯片可靠性。进一步地，可以在芯粒衬底面沉积整面的高反射率布拉格反射层 (DBR)，将有源区辐射出的向衬底方向的光最大限度地反射向芯粒出光面，提高芯片亮度。至此，通过一系列半导体工艺，在外延片上实现了数以万计的具有独立正负极的 LED 芯粒，此部分被认为是芯片前段制程。芯片的后段制程主要目的是将具有芯粒结构的外延片制作成可以直接给下游封装厂应用的单颗 LED 芯粒，首先将外延片切割裂片分割成一个个单颗芯片，然后按照不同应用对每一颗芯粒的光电性能进行测试，筛选出符合光电性能要求的芯粒。对每颗芯粒的外观进行检测，过滤外观不良的芯粒。根据光电测试和外观测试的结果分选出最终符合要求的芯粒，通过人工目检、出货前抽检后最终包装入库，如图4-9所示。

前段：Mesa—CBL—ITO—Metal—PV—DBR

后段：切割—测试—外观检测—分选—目检—出货前抽测—分包入库

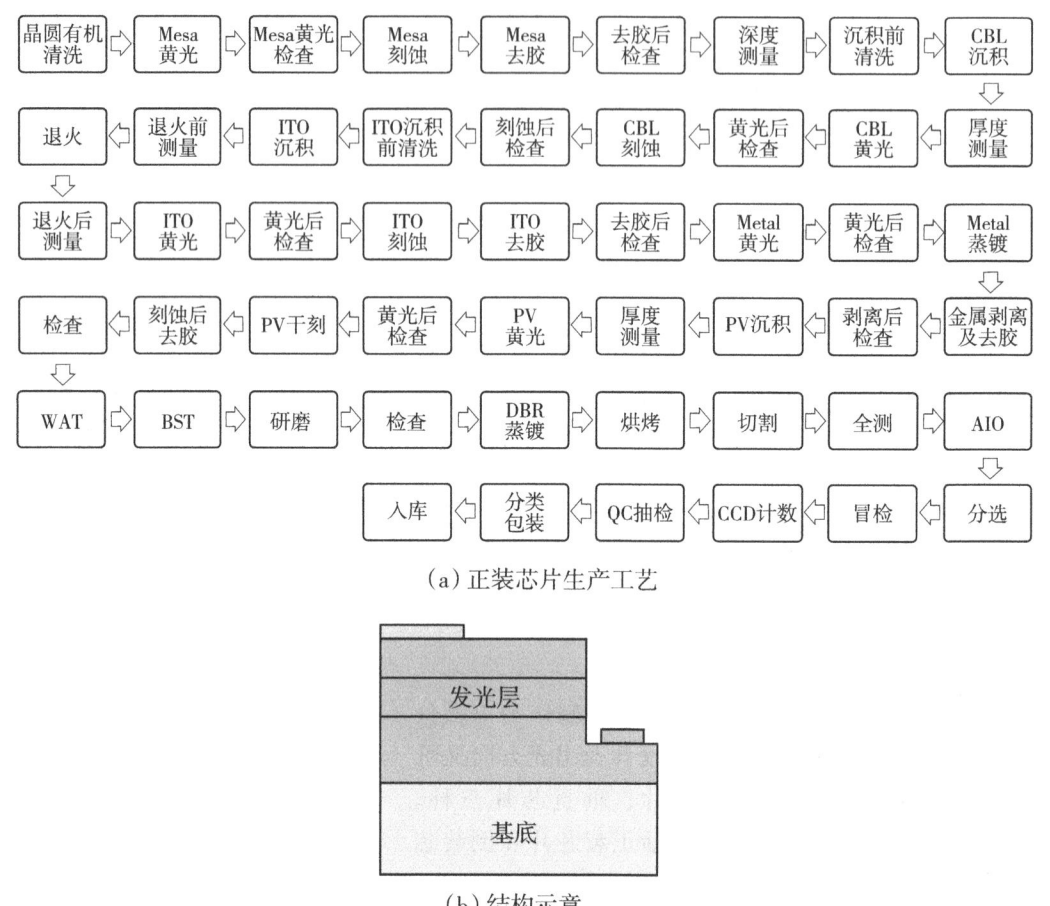

图4-9 正装芯片生产工艺及结构示意

倒装工艺：倒装芯片的结构与正装芯片有很多相似之处，根据各个LED生产厂家的工艺不同，膜层的制备顺序也会有所不同。倒装芯片的主要工艺制程也包括ITO电流扩展层沉积、mesa台面刻蚀、钝化层制备、互联电极制备。不同的是倒装芯片通过锡膏回流与封装基板互联，出光面与互联面位于两侧，因此通常会提前刻蚀具有一定斜角的隔离槽(isolation，ISO)，一方面可以使后续的保护层更完整地包覆侧壁避免焊接过程锡膏粘连p型和n型GaN层造成漏电，另一方面特定的角度设计也能增加光取出效率。而倒装芯片的互联方式决定了其可以通过在中间添加金属层的设计来改善电流分布。

以兆驰半导体一种典型的倒装芯片制备制程为例：先制备电流阻挡层（CBL），随后整面沉积 ITO 电流扩展层，采用一道光刻胶曝光显影工艺定义台面图案，而后进行两次刻蚀，一次刻蚀 ITO，二次刻蚀 GaN 形成 mesa 台面。刻蚀 ISO 隔离槽。制作金属导电线路 PAD1 改善电流分布。制备钝化层 PV，保护芯片防止杂质水气污染。制备 DBR 层，增加非出光面反射，提高光提取效率。最后制备互联电极 PAD2。倒装芯片的后段流程与正装芯片一致，按照应用需求进行一系列测试筛选出符合要求的芯粒入库，如图 4-10 所示。

前段：CBL-ITO-Mesa—ISO—PAD1—PV—DBR—PAD2

后段：切割—测试—外观检测—分选—目检—出货前抽测—分包入库

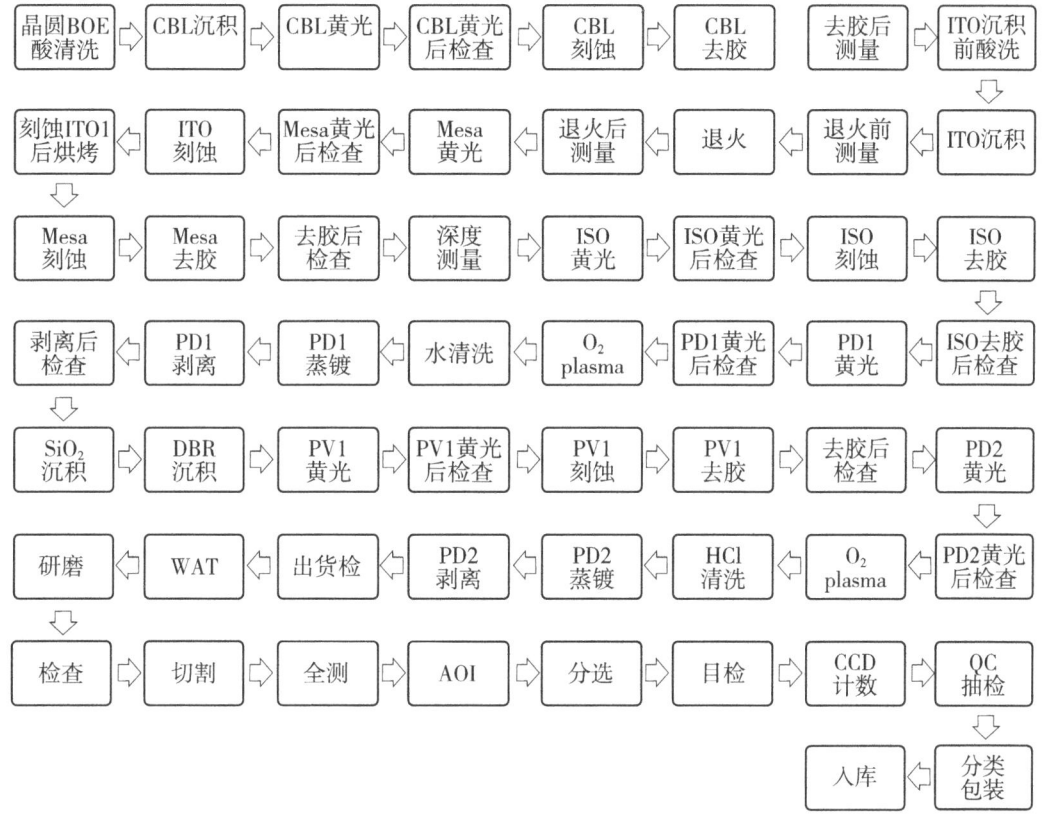

(a) 倒装芯片生产工艺

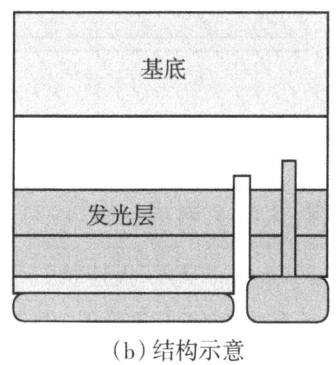

(b) 结构示意

图 4-10 倒装芯片生产工艺及结构示意

垂直工艺：垂直芯片的制作方式较为多样化，与正装和倒装的前道工艺流程有所不同，下面以其中一种制作方式为例。首先形成基于银的反射层并对其进行退火，接下来蒸镀金属材料并将 p-GaN 和临时衬底进行键合，而后通过激光剥离蓝宝石衬底，再在露出的 n-GaN 表面进行化学粗化提升芯片亮度，并在芯片四周通过深刻蚀形成隔离槽（ISO），接下来在 n-GaN 表面蒸镀负电极，再在晶圆表面涂布保护液作为在后续工艺中对芯片的保护。后道制程与正装及倒装类似，如图 4-11 所示。

银反射层—p-PAD—临时衬底键合—蓝宝石剥离—表面粗化—ISO—n-PAD

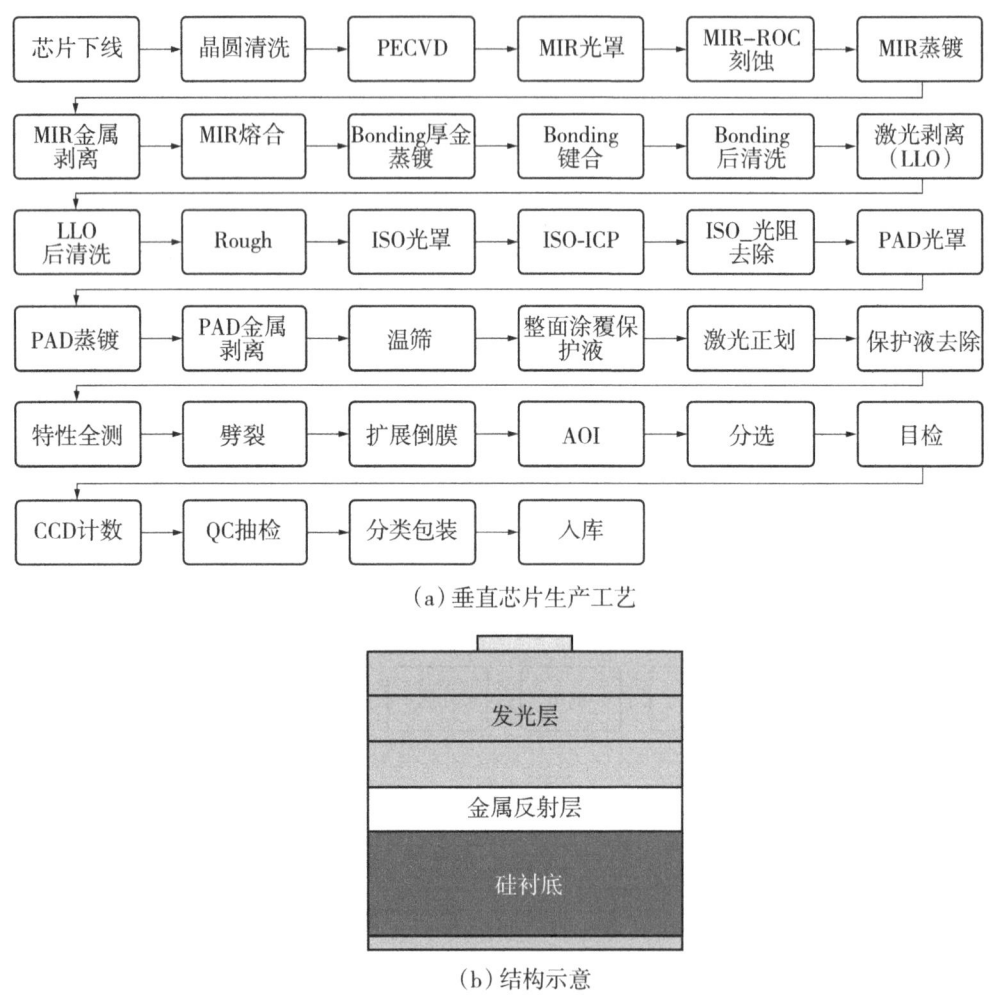

图 4-11 垂直芯片生产工艺及结构示意

4.5.2 Mini-LED 背光芯片架构（正装、倒装、垂直）

正装芯片通过引线键合（Wire Bonding）与基板连接，芯片电极面朝上，而倒装芯片的电极面朝下，通过植球回流后与基板焊接（C4 互联），相当于将前者翻转过来，故称其为"倒装芯片"。

正装芯片制程简单，良率高，成本低，是最早出现的芯片结构，发展时间最长，工艺技术非常成熟,也是目前市面上绝大部分LED产品应用的LED类型。倒装结构出现较晚,经过近些年的发展,制程工艺逐渐稳定,且相较于正装芯片也具备一些优势。

对于正装芯片,其p、n电极在LED的同一侧,电流须横向流过n-GaN层,导致电流拥挤。并且由于电极的光吸收以及蓝宝石衬底较差的导热性进一步限制了其效率的提升。

相较之下,倒装LED通常倒装至具有高导热性的子底座(如硅、陶瓷等),可以分散器件产生的热量。同时,通过在p-GaN层上沉积高反射的p型欧姆接触(ITO/DBR),将向下的光子反射回蓝宝石衬底,从而可以获得更好的光提取效率(LEE),进一步提高倒装LED的效率。倒装LED的性能虽然得到了进一步的改善,但仍受电流拥挤效应的限制。

垂直芯片常常应用在高功率的器件中,垂直芯片结构采用高热导率的衬底(Si、Ge和Cu等衬底)取代蓝宝石衬底,在很大程度上提高散热效率;垂直结构的LED芯片的两个电极分别在LED外延层的两侧,通过n电极,使得电流几乎全部垂直流过LED外延层,横向流动的电流极少,可以减少电流拥挤。但是垂直LED制程较复杂,成本高,工艺技术尚不完美。并且目前垂直结构制备工艺中,需要通过激光对蓝宝石进行剥离,激光剥离过程中的高温和应力释放可能会损伤GaN外延层,优化激光剥离工艺条件以使GaN损伤最小化是亟须解决的问题。

在目前的Mini-LED背光技术中,芯片结构主要以正装芯片和倒装芯片为主,垂直芯片由于价格和供应资源的问题,暂时并没有应用。目前主流的POB的技术方案主要使用正装芯片,COB方案均使用倒装芯片结构。

4.5.3 Mini-LED背光芯片技术挑战

Mini-LED背光芯片的均一性不好就会导致Mini-LED背光产生mura效应,指的是在Mini背光中特指不均匀、有斑点或条纹的现象。由于单颗LED发光光强会随发光角度不同而变化,同时多颗LED交叠处的亮度也会因单颗LED的差异而产生亮度不均,最终使得完整显示屏能够观察到斑点,棋盘状或条纹状的亮暗不均。目前LED厂商与封装厂商以及终端厂商相互配合,从LED发光角与光强关系为切入点,调整LED结构中的膜层力求从根本上解决或改善mura现象。

另一方面,为达到分区调控、提高显示对比度的需求,Mini-LED应用在显示领域目前使用的芯粒数量逐渐上升,因此如何保证应用的同时又减小能耗也是LED厂商发力的方向之一。目前常用的倒装芯片尺寸一般为0620,0916,0920等几个尺寸,行业内还没有形成统一的规格标准,未来随着Mini-LED应用规模的扩大,各个厂家的技术方案会因性价比的考虑而趋于相近,届时Mini-LED芯片的规格从定制化走向标准化,将会带来Mini-LED产品价格的大幅降低,从而推动Mini-LED技术的应用发展。

4.5.4 Mini-LED背光芯片成本下降趋势预测

随着苹果公司率先使用Mini-LED背光技术,其高对比度、高亮度、广色域、原色彩显示等优势,给消费者以超强的体验感。Mini-LED背光正在投入TV、车载、电竞显示、平板、笔记本电脑、VR等应用领域中,相信不久后市场会出现井喷式增长。据Arizton预测,2021—2024年全球Mini-LED市场规模有望从1.5亿美元增至23.2亿美元,每年增速高达140%以上。随着Mini-LED背光多领域的不断渗透,Mini-LED芯片成本预计每年将会有20%以上的降幅。

4.5.5 小结

Mini-LED技术的定义起源于芯片尺寸大小，芯片技术决定了Mini-LED背光技术的各项性能。例如芯片自身的良率决定了制作Mini-LED灯板的直通率，芯片的亮度一致性和波长的偏差决定了Mini-LED背光产品的主观效果。芯片的焊盘间距和大小决定了PCB板的走线精度和PCB板制作的精度需求，这些都会直接影响Mini-LED产品的效果、成本和性能，可以说Mini-LED芯片性能的高低是Mini-LED产品品质的基础。但目前行业上关于Mini-LED芯片的系统性研究还不充分，例如对于Mini-LED芯片尺寸选择，尺寸的优化使得在系统成本上实现最佳的性价比；在画质Demura算法的配合下，Mini-LED芯片的选取范围可以扩大到什么程度等问题，在行业内还没有定论。

未来Mini-LED芯片技术的发展方向是规模化和标准化，这需要在Mini-LED产品设计阶段进行拉通，从原材料、工艺、良率等方面通盘考虑，选取目前芯片加工工艺最优的尺寸和加工方式，使用一种到两种规格的Mini-LED芯片以满足不同产品和加工工艺要求。

4.6 Mini-LED背光关键组件——转移技术

Mini-LED背光灯板包含大量的Mini-LED芯粒，如何将巨量Mini-LED芯粒高效地转移到基板上，是当前需要重点解决的问题。

4.6.1 转移方案介绍

目前，针对Mini-LED背光关键组件主流的转移技术有以下几种。

(1) Pick & Place：传统的LED采用Pick & Place真空吸取的方式，当前采用Pick & Place方式的转移设备的精密度是±20μm，一次只能转移数颗器件，适用于Mini-LED的转移。随着Mini-LED产品的不断开发和市场应用，Mini-LED的市场需求和产能不断提升，大部分公司采用Pick & Place方式进行芯片转移(图4-12)。

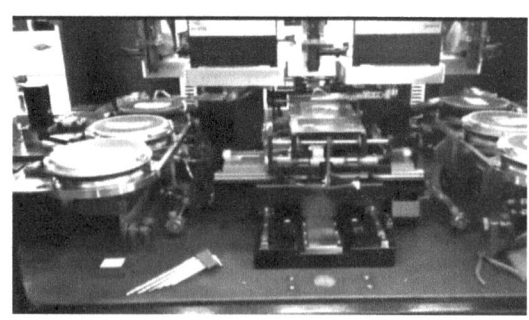

图4-12 Pick & Place芯片转移技术

(2) 针刺式转移技术：顾名思义，利用上方的顶针上下运动，将蓝膜上的LED进行点对点的释放，自上至下地将LED排布到基板上。因为顶针的振动频率极高，所以针刺式转移的速度可以比较快(图4-13)。

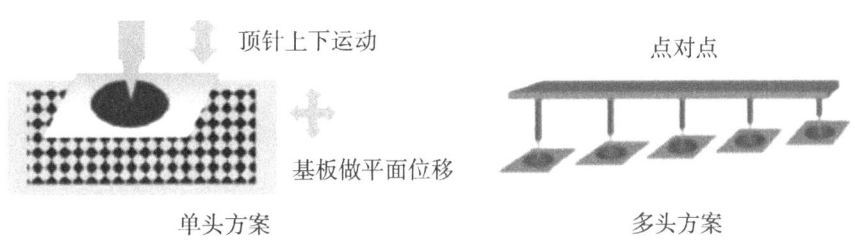

图4-13 针刺式转移技术方案

(3)弹性印章转移技术:作为巨量转移技术中一个较为成熟的技术,其核心技术主要是可伸缩弹性膜材的选用。使用弹性印章,结合高精度运动控制打印头,利用范德华力,通过改变打印头的速度,让 LED 黏附在转移头上,或打印到目标衬底片的预定位置上。先处理 LED 芯片衬底,使其只通过锚点和断裂链固定在基底上,然后利用聚二甲基硅氧烷作为转移膜材料制作弹性印章(图4-14)。弹性印章与芯片通过范德华力结合,到达转移位置后断裂链发生断裂,所有芯片按原来的阵列排布被转移到弹性体上面,通过调整印章与芯片之间的黏着性,完成释放动作。要求精准控制各个阶段黏力大小,且印模必须表面极为平坦,才不影响转移的良率和精度。

图4-14 弹性印章转移技术

(4)激光剥离转移技术:选择性释放转移技术跳过拾取和释放的环节,直接从原有的衬底上将 LED 进行转移。目前实现方式通常是通过高能量脉冲激光透过镀有材料薄膜的基底,聚焦到基底与材料薄膜的交界面上,使薄膜被加热至熔融状态,基底上的芯片即可转移沉积到与之平行放置的受体上。主要原理是利用激光器产生的激光与物质的相互作用,其中紫外(UV)波长的光子在被物质吸收时会引起电子激发,产生烧蚀分解,从而产生冲击力;红外(IR)波长的光子被物质吸收后导致电子振动和旋转激发,然后发生热分解,从而产生驱动力(图4-15)。

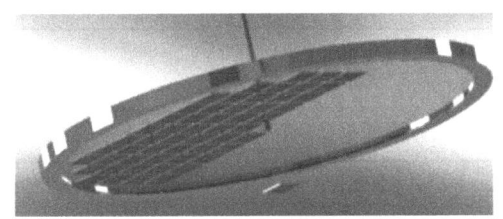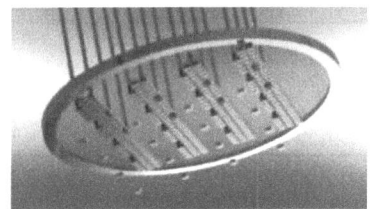

图4-15 激光剥离转移技术

激光选择性释放转移为效率最高的巨量转移技术,预计未来激光选择性释放转移技术将成为 LED 芯片巨量转移的主流技术。

(5)滚轴转印转移技术:利用带有计算机接口的滚轮系统,反馈模块包含两个负载传感器和两个 z 轴执行器，滚轮系统通过两个显微镜保持精确对准，通过反馈模块精准控制，将 Mini-LED 转印至接收衬底上(图 4-16)。

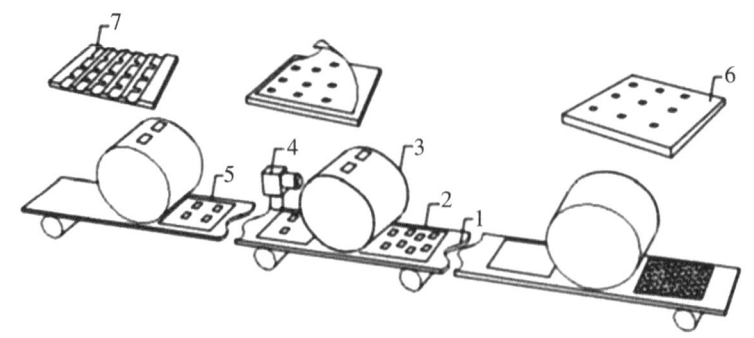

图 4-16 滚轴转印转移技术

4.6.2 转移方案良率及优劣势对比

(1)针对以上转移技术,其良率对比如表 4-2 所示。

表 4-2 各转移技术方案良率对比

转移方式	Pick&Place	针刺式转移技术	弹性印模转移技术	激光剥离转移技术	滚轴转印转移技术
发展状况	成熟	开发机	实验机	实验机	实验机
示意图		顶针上下运动 基板做平面位移 单头方案			
UPH(million)	0.03～0.05	1～30	1～36	2～100	1～30
转移良率	99.9%～99.999%	≈99.99%	≈99.995%	≈99.999%	≈99.995%
核心技术	摆臂下压及摆动控制	探针控制	可伸缩黏性膜	激光束剥离	转印滚轴
转移精度	★	★	★★	★★★	★★

(2)针对以上转移技术,其优劣势对比如表 4-3 所示。

表 4-3 各转移技术方案优劣势对比

转移方式	Pick&Place	针刺式转移技术	弹性印模转移技术	激光剥离转移技术	滚轴转印转移技术
发展状况	成熟	开发机	实验机	实验机	实验机

续表

转移方式	Pick&Place	针刺式转移技术	弹性印模转移技术	激光剥离转移技术	滚轴转印转移技术
示意图		顶针上下运动 基板做平面位移 单头方案			
技术难点	芯片取放动作控制	针刺动作精确控制	膜材的选取，以及转印时的精准对位	激光能量控制以及激光束斑微小化	显微镜的精准对位
转移精度	★	★	★★	★★★	★★
优势	①技术成熟，设备稳定量产；②基本满足目前Mini-LED转移需求	①无需对芯片进行提前排片；②效率高	①效率及良率高；②设备成本较低；③操作简单：选择性好	①转移具有高精度、高效率、高良率的优势；②响应快速；高度可选择性	①设备成本较低；②转移耗材成本低
劣势	①转移效率低；②实现0204以下的芯片转移	①对基板精度和平整度要求高，使用条件受限；②设备成本高昂	①可重复利用的膜材选型较难；②需要对芯片进行先排片后转印；③作用力调控困难：印模表面需极为平坦	①设备成本较；②激光束斑微小化以及激光能量控制较难	①对位精度要求极高；②良率较难保证

4.6.3 转移方案应用案例

目前已经量产发布的产品中，Apple发布的iPad及Macbook Mini-LED背光灯板，由于单板LED Chip数量庞大，为了满足其生产效率，均使用了针刺式的转移方式。

而如国内发布的一些Notebook(如机械师F117-FP、ROG冰刃6)、TV产品(TCL X11系列)均使用了较为成熟的Pick & Place转移技术，兼顾了效率及成本。

4.6.4 小结

通过以上不同转移方式的对比，可以看出，在当前阶段，Pick & Place技术发展的时间最长，成熟度最高，而针刺式转移技术也已经投入量产，但因成本和对材料的高要求，应用比较受限。而其他方式目前仅限于试验或小批量阶段，距离量产还有一定的距离。

从 Mini-LED 背光的发展趋势来看，成本会成为限制 Mini-LED 背光量产的重要因素，因此 Mini-LED 芯片数量受制于成本的需求，数量会持续优化，从而使 pitch 会相较于初期产品变大。因此，Pick & Place 相较于其他转移技术，成本与效率兼顾，后续依然是 Mini-LED 背光产品的主流转移技术。但从长期来看，由于激光转移技术的转移效率极高，有望成为未来的主流转移技术。

4.7 Mini-LED 背光关键组件——检测与修复

4.7.1 Mini-LED 背光检测与修复应用

Mini-LED 的尺寸定义为 100～300 μm，介于传统 LED 与 Micro LED 之间。Mini-LED 背光源是提升 LCD 显示面板品质、继续保持市场占有率的核心部件。

Mini-LED 背光检测和修复，往前可以延伸到晶圆制造阶段（前道），往后可以拓展到显示面板的 Demura、Gamma 工序（后道），直接相关的阶段在于背光板的封装段。

Mini-LED 背光关键组件包括背板、Mini-LED、驱动 IC、混光层和色转换层。这其中每个组成部分的品质都需要在生产过程中得到控制。例如在 PCB 背板上成型的布线尺寸是否达标、缺陷是否得到控制，需要在制作背板的制程当中通过检测设备来判断；Mini-LED 的光电特性、外观尺寸是在前道工序，采用半导体生产工艺，即在晶圆制程阶段成型的，其质量和拣选一致性对 Mini-LED 背光板良率有直接影响；另外，在背光模组的封装过程中，不可避免地会出现局部残缺和不良，需要检出并修复，例如在 Mini-LED 巨量转移过程中，用激光将基板上的不良 Mini-LED 剔除掉，增补新的 Mini-LED 后再焊接在基板上；显示面板后道制程，其最终显示的亮度、色度一致性也需要通过 Demura、Gamma 工序来修复。因此，对于以 Mini-LED 为背光的显示面板来说，检测和修复操作存在于产品制程的上中下游每个环节。

4.7.2 Mini-LED 芯片制程中的检测与修复设备

Mini-LED 的晶圆级制程属于半导体外延片制造工艺，关键检测设备包括：膜厚量测设备、OCD 关键尺寸量测、CD-SEM 关键尺寸量测、光刻校准量测、图形缺陷检测设备等多种前道量检测设备，用于在微纳米尺度检测控制制造参数。由于晶圆制造工艺环节复杂，所需要的检测设备种类较多，因此也是所有半导体检测设备中技术难度最高的环节。目前产线上用的主要是美国科磊（KLA）、应用材料（AMAT），日本的日立高新（HHT）、东丽（Toray）和滨松（Hamamastu）等公司的产品。国内的精测电子、中科飞测、上海睿励等有相应产品也逐渐得到应用。

在外延生长（或称磊晶）过程中，受材料、温场和气场等工艺条件的影响，晶圆上不同区域的 Mini-LED 芯片的光电特性会有所不同，在此环节需要对其物理特性进行测试与分区，标注发光特性的等级，以便于 LED 芯片的分类、分级处理，提高 Mini-LED 的利用率。晶圆上 LED 微芯片发光特性的检测与分类分级技术有光致发光(photoluminescence imaging，PL)检测技术和电致发光(electroluminescent imaging，EL)检测技术。

EL 可以得到 Mini-LED 的发光特性例如发光强度、峰值波长、光谱半宽度和 xyz 色度坐标等，也可以同时得到芯片的电学参数，例如顺向电压(VF)、瞬态峰值(VFD)、逆向电流(IR)等，这些参数可以直接作为后道工序(例如分拣)的依据。EL 沿用了 LED 的工艺过程，用探针通电接触芯片两极使之发光，为接触式检测。对于比常规 LED 小得多的 Mini-LED 而言，缩减的尺寸、增加的数量、触坏芯片的风险，都使其实现难度和耗费时间大幅度提升。因此，Mini-LED 制程中的 EL 检测耗时成为此类检测设备应用的瓶颈。

PL 为非接触式光学检测，不能直接得到 Mini-LED 的电学信息，需要建立所使用和得到的光学参数与电致发光所测结果之间的对应机制，间接得到与芯片相对应的信息。PL 和 EL 设备在 Mini-LED 的巨量检测当中有重要应用。

膜厚量测设备(film metrology，FM)、光学关键尺寸量测设备(optical critical dimension，OCD)、SEM 关键尺寸量测设备与制造工艺控制参数密切相关；电致发光检测设备、光致发光检测设备与材料和微结构光电功能相关；图形化晶圆缺陷检测设备(AOI)与晶粒结构参数一致性相关。其中 EL、PL 和 AOI 是 Mini-LED 产业链中影响良率、效率和成本的重要测试设备。

1. Mini-LED 背光板制程中的检测设备

Mini-LED 基板目前有两种主要形式，即 PCB 基板和玻璃基板。基板给 Mini-LED 发光芯片提供支撑、逻辑、供电和散热。

在 Mini-LED 背光板制造过程中，通过巨量转移这一关键技术，批量地将 Mini-LED 芯粒无损高效地排布在基板上。这个工艺过程目前还不成熟，产品的质量特别需要根据快速准确的检测结果进行分拣，剔除不良芯片，只将好的芯片固定在基板上，目前，行业普遍采用全测全分模式，通常需要进行出厂检和来料检。

1) 检测三套件

点测(EL)、分选(分 Bin)和自动缺陷检测(AOI)设备作为目前主流的检测操控设备用于背光板的布晶。Mini-LED 背光的 LED 芯片一般为单色光，因此在晶粒的转移过程中是将 Mini-LED 盘片上的芯片并行地或高速串行地一次性排布在基板指定位置，其中，盘片上的 LED 微芯片已经是经过针测、分选和 AOI 后合格的芯片；在布晶结束后(或布晶同时)，要用 AOI 检测排布在背板上的晶粒位置、姿态和外观，判断生成排布后的布晶地图供后道工序使用。由于这三种设备的工作效率不同，通常按不同的比例配置，以便满足生产节拍和总体 TT 需求。

(1) 点测机(图 4-17)

产品特点：支持 4 Inch/6 Inch Wafer Ring；配置主动式探边器，实现针压实时监控；配置自动清针磨针装置；双 CCD 架构：CCD 扫描 + CCD 观察替代传统显微镜，操作便利；高速稳定：自研高速运动平台，机构 cycle time 低于 60ms；精准测量：配置多通道高精度

μA级别电流源，光电分离式光谱仪。

图4-17 点测机

图4-18 分选机

(2) 分选机(图4-18)

产品特点：兼容3～45 mil芯片；支持4 Inch /6 Inch Wafer Ring，支持子母环、铁环形式；Sorting Bin数量支持200 Bin。高速高效：单芯片挑拣周期65ms，实现产能1kk/天。精准稳定：X/Y排列精度小于±15 μm，角度偏差小于±3°。开放定制：整机软件自主开发可开放混Wafer、混Bin、智能产线互通等功能定制。

2) 背板制程检测

根据COB和COG制程需求，检测设备包括背板(PCB/Glass)线宽/缺陷检、锡膏检(SPI)、固晶前后检、ET检、模组点灯检。

(1) 背板(PCB/GLASS)检测：对背光板制造商来说，背板检测归属于来料检测，检测对象是已经布有线路的基板，检测精度需求一般不小于10 μm，包括检测基板上线路的宽度、间距等是否有异常，还包括开路、短路、针孔、岛、划痕等，也检查玻璃基板的污渍、凹凸、气泡、划痕、擦伤、崩裂等缺陷。具有复判功能，并可兼容多种面板尺寸。

设备构成：2D显微成像系统/同轴、离轴照明光源/扫描机构。

(2) SPI(锡膏)焊盘检测：在印刷锡膏后，检查锡膏印刷是否偏移、印刷高度、面积/体积、平整度等指标。对检测出的缺陷给出提示或报警：锡膏偏移、拉尖、架桥、残缺破损。

在COG制程中白油的缺陷和厚度也在此检测，因此，在设备中也有整合3D检测的需求。

固晶前/后外观检测：晶粒排布在基板以后要做排布质量的检测，检测项目包括错件/缺件检测、偏位/错位检测，侧立、极反、破损等缺陷检测。

作为背光组件，要求Mini-LED背光板的厚度和晶粒顶部同面性的要求严格，特别是对于混光距离为零的需求,对晶粒 3D 尺度的检测显得更为重要。能够在布晶后、焊接前把分布异常的晶粒检测出来,并及时进行替补修复降低风险。因此,在现有的布晶前外观检测设备中还需整合进 3D 检测设备,进一步强化需求。

检测合格的背光板经过焊接以后(SMT 或 Laser),其上的晶粒可能会发生位置偏移、脱落、开裂等不良变化,需要在固晶后进行外观检测,将缺陷检出供中控系统判别,执行维修工艺流程,此类设备的精度一般控制在 5 μm 以内。

(3)模组点灯检测:通过上述工序和测试的 Mini-LED 背光板可以进行通电点灯检测,检测内容包括显示异常、LED 短路或开路、爆灯/灭灯、缺陷定位、亮度不均、色度不均、扫描延迟异常等内容。检测设备一般由显示图形发生器输出显示图像给背光板、成像目组取图作图像亮度、色度检测、判断异常,并具有产生和存储修正参数的能力。

2. Mini-LED 背光板制程中的修复设备

Mini-LED 制程中关键技术的突破都将成为 Micro LED 量产的基础,特别是附加值很高的修复设备,避免了一颗不良芯片导致千万颗合格芯片都成为废品的风险。

目前,韩国 KOSES 的 Mini/Micro LED 激光修复设备已经量产并供货三星。国内的大族激光也具备 Mini-LED 激光修复设备生产实力,科韵激光已经推出全自动 Mini-LED 激光修复机,能够对 Mini-LED 不良情况进行不良修复,修复前后对比图如图 4 – 19 所示。

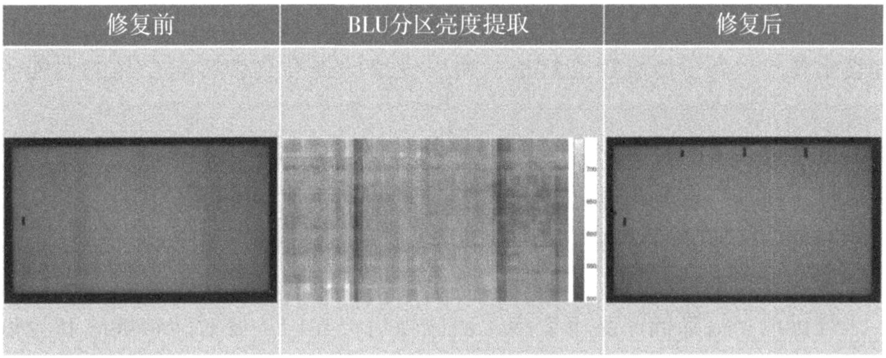

图 4 – 19 修复前后对比

Mini-LED 背光产品出货前为提升显示效果,需要进行亮色度校准、亮度校准、视角融合校准、高 PPI 光学串扰校准等。其中亮度调整均匀性要求 >98%;重复精度误差要求 <0.3%,低亮度量测能力要求 ≥0.01 nit,并进行多视角 mura 算法补偿。

4.7.3 小结与展望

Mini-LED 背光技术的工艺难度相比于 Micro LED 和 Mini-LED 直显技术难度要低一些,但在实际产品应用中仍然面临着转移效率和良率的问题,转移效率和良率直接影响 Mini-LED 背光产品的成本。例如当前 75 英寸(1 英寸 = 2.54cm)Mini-LED 背光灯板加驱动的报价普遍 10 倍于传统灯板加驱动报价,高额的成本阻碍了 Mini-LED 背光技术在终端显示市场中的应用和推广。Mini-LED 芯片的封装主要通过高速贴片机或固晶机实现,但是由于其焊点面积小,SPI 设备的检测精度不足,容易造成焊点假焊的现象。

由于Mini-LED背光灯板相关部品要求的波长一致性和良率要求都比传统背光灯板高得多，为了尽可能地提高转移的良率和效率，还需要配备专业的设备进行坏点检测与修复。

目前的检测和修复的技术发展方向由传统的接触式检测向非接触式检测发展，检测设备由单一功能检测向多功能检测集成整合发展，在后端的维修环节，检测设备兼具维修功能，实现检测维修一体化。

缺陷管理的难点：在Mini-LED背光灯板的生产过程中，良率的重要性是无法忽视的。良率直接影响生产成本和产品质量，其是决定产品市场竞争力的关键因素。在这个过程中，缺陷的存在不仅限于转移过程，也包括了芯片微缺陷、基板和焊盘的不良以及刷锡膏的问题。这些因素都对产品的一致性和良率产生重大影响。根据笔者经验，Mini-LED背光灯板在部件的一致性和良率要求上，远高于传统背光灯板。

为了提升转移制程的直通率和效率，我们需要引入专业设备进行自动化的缺陷检测与筛查，这一步骤对于提高良率至关重要。在芯片转移过程中，缺陷检测与筛查是必不可少的环节。例如，我们需要在回流焊之前，对焊盘位置和锡膏厚度进行精确的检测。数据显示，这一步骤可以大幅降低产品不良率。回流焊后，我们需要对转移缺陷和死灯进行检测，并进行必要的自动维修。这些步骤在整个转移制程中，起着保障良率的关键作用。

良率的提高，不仅可以降低生产成本，提高生产效率，还可以提高产品的一致性和可靠性。这对于Mini-LED背光灯板的生产而言尤为重要。因为Mini-LED对背光灯板的部件一致性和良率要求远高于传统背光灯板，所以良率的提高直接影响产品的性能和市场竞争力。

在影响良率的诸多因素中，芯片微缺陷的影响最为重要。芯片微缺陷直接影响产品的性能和可靠性，而且一旦出现问题，修复的难度和成本都相对较高。因此，我们需要在生产初期就对芯片进行精确的检测和筛查，以尽可能减少微缺陷的出现。

在芯片转移过程中，我们需要在回流焊之前，对焊盘位置和锡膏厚度进行精确的检测。这一步骤可以大幅降低产品不良率。回流焊后，我们需要对转移缺陷和死灯进行检测，并进行必要的自动维修。这些步骤在整个转移制程中，起着保障良率的关键作用。

总的来说，通过对相关部件的自动缺陷检测与筛查，以及在关键环节进行的细致检测和自动维修，我们可以显著提高Mini-LED背光灯板的生产效率和产品质量。这不仅降低了生产成本，也为我们的客户提供了更高质量的产品。因此，我们需要对影响良率的各个因素进行深入的研究和掌握，以确保Mini-LED背光灯板的生产过程能够高效、顺畅，同时也能保证产品的高质量。

4.8 驱动技术的难点

Mini-LED背光关键组件：驱动IC。

4.8.1 AM驱动

随着显示技术的不断发展，在分辨率已经完全满足大屏显示需求的情况下，驱动芯片的性能就成为影响显示效果的关键因素。目前面板产业驱动技术也日益成熟,Mini-LED 是电流驱动型发光器件,其驱动模式一般有两种:AM 驱动和 PM 驱动。

AM 驱动,即主动式驱动(active matrix,AM),又称有源矩阵驱动,或开关矩阵驱动。这是一种显示面板的各像素设置开关组件和信号的存储电容,以实现驱动的方式,其目的是提高显示性能。这种方式广泛应用于 TFT LCD、AMOLED 等显示器件。

具体来说,在 AM 的电路设计上,每个 Mini-LED 像素有其对应的独立驱动电路,驱动电流由驱动晶体管提供,基本上每个像素电路中使用至少两个晶体管来控制输出电流;其中一个晶体管为选通晶体管,用来控制像素电路的开或关,另一个晶体管是驱动晶体管,与电压源连通并在一帧的时间内为 Mini-LED 提供稳定的电流。该电路中还有一个存储电容来储存数据信号。当该像素单元的扫描信号脉冲结束后,存储电容仍能保持驱动晶体管栅极的电压,从而为 Mini-LED 像素提供源源不断的驱动电流,直到该帧结束。

AM 驱动方式如图 4 – 20a～d 的顺序依次进行显示。

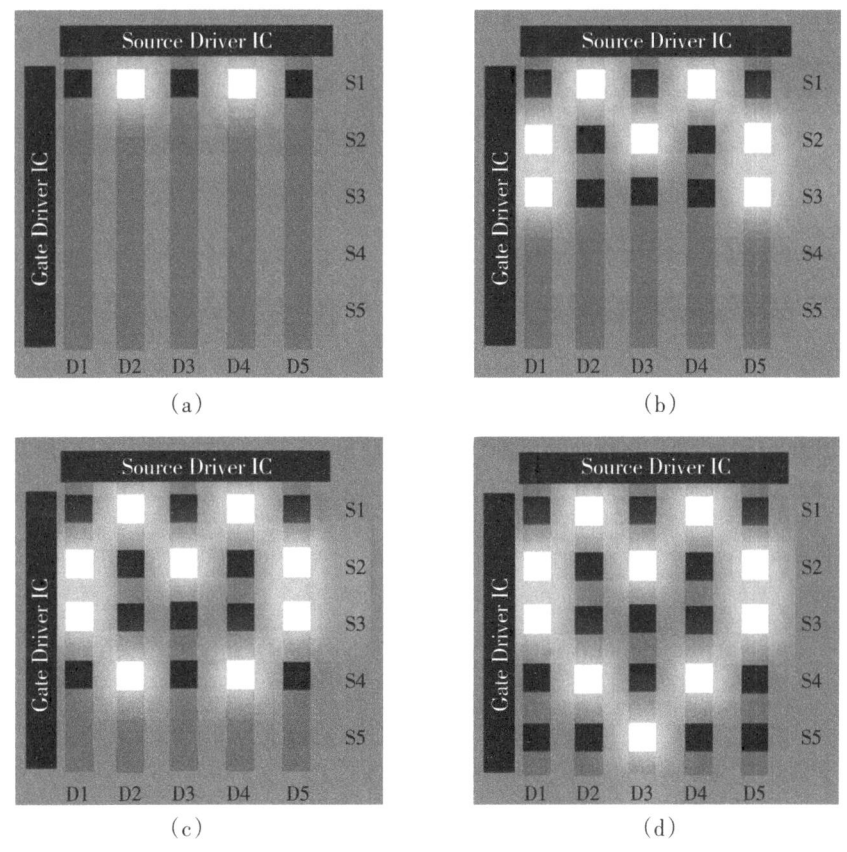

图 4 – 20　AM 驱动方式示意

4.8.2　PM 驱动

PM 驱动,即被动式驱动(passive matrix,PM),又称无源矩阵驱动。PM 驱动方式中,在每个像素上没有非线性组件,扫描电极与数据电极的交叉点对应到像素或点上,然后直接加驱动信号的矩阵方式。显示类型有 TN、STN 等，主要采用多路驱动。无源矩阵一般是指行和列的电极分别形成于玻璃基板上，使这些电极交叉并将液晶夹在这些电极之间的形式。在 OLED 显示中，亦有无源矩阵的 PMOLED 显示方式。

具体来说，PM 驱动模式中把显示阵列中每一列的 LED 像素的阳极（P-electrode）连接到列扫描线（data current source），同时把每一行的 LED 像素的阴极（N-electrode）连接到行扫描线（scan line）。在平面坐标系中，当某一特定的第 y 列扫描线和第 x 行扫描线被选通的时候，其交叉点 (x, y) 的 LED 像素即会被点亮。整个屏幕以该方式进行高速逐点扫描即可实现显示画面。

PM 驱动方式如图 4-21a～d 的顺序依次进行显示。

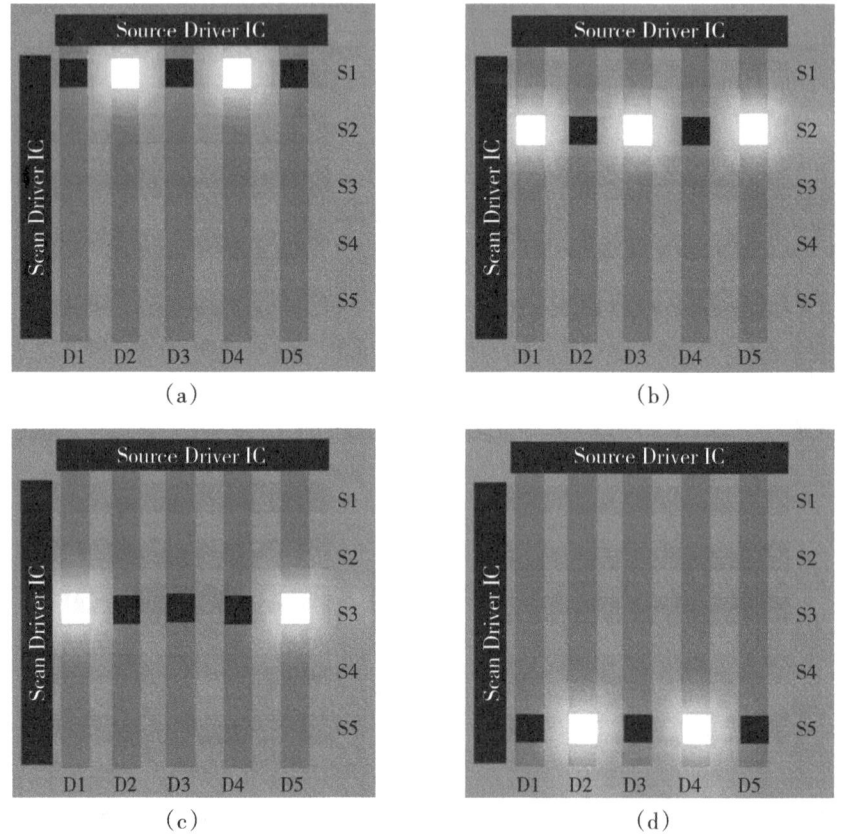

图 4-21 PM 驱动方式原理

4.8.3 AM 驱动与 PM 驱动对比

随着市场的需求，LED 背光技术也在不断发展。LED 背光技术依赖于背光驱动，新兴的背光驱动技术中，LED 背光模组需要驱动 IC 以实现更好的对比度和清晰度，因此 Mini-LED 背光对驱动 IC 的要求也随着背光技术的发展而不断变化。而对于 AM 驱动和 PM 驱动，各自存在不同的特点，主要表现在以下几方面。

1. 尺寸(表4-4)

表4-4 不同尺寸 AM 驱动及 PM 驱动差异对比

对比项	QFN64(PM)	QFN48(PM)	DFN8(AM)
尺寸	8.0×8.0	6.0×6.0	2.0×2.0
面积	64 mm^2	36 mm^2	4 mm^2
驱动通道	32 channel	16 channel	4 channel

2. AM 驱动存在的其他优势(表4-5)

表4-5 AM 驱动存在的其他优势

对比项	优势
成本	高分区产品降低40%以上成本
外观设计	模组厚度减小
多分区	可以支持>10 000 分区
生产性	接口少,效率高
生产管理	备料少,易管理
性能	均匀散热,响应速度快,亮度均匀性好,面板同步扫描
辅助功能	辅助功能多,如 feedback 功能,亮度补偿功能等

随着背光驱动技术的日益成熟,传统 LCD 背光的局限性也日益凸显,如功耗大、对比度低等缺点,迫使背光朝着局部调光(local dimming)的方向发展,搭配 Mini-LED 背光模组能体现更好的对比度和 HDR(high dynamic range,高动态范围)显示效果。具体的显示效果比较如图4-22所示。

PM画质　　　　　　　　　　　AM画质

图4-22　PM 与 AM 驱动方式画质对比图(来源:显芯科技)

传统的 Mini-LED 背光采用 PM 驱动方式实现的背光局部调光，由于每一分区需要单独使用一根数据线控制，使得分区数量普遍低于 2 000 个分区，且灯板走线复杂，造成产品成本较高。AM 与 PM 驱动方案的比较如表 4-6 所示。

表 4-6 AM 与 PM 驱动优劣势比较

驱动方式	成本	对比度	功耗	高分区	厚度
AM	800 分区以上，AM 成本较低，随着分区的增加优势更为明显	高	根据不同画面动态来有效降低功耗	可实现	较薄，可同时实现单层板小 OD
PM	800 分区以下，成本较低	低	功耗大	不可实现	较厚，无法同时实现单层板与小 OD

4.8.4 Mini-LED 背光驱动 IC 的技术挑战

近些年，Mini-LED 产品面世较多，如苹果、三星、LG、微星、华硕、戴尔、TCL、小米等都已推出 Mini-LED 产品；但是还没有规模化效应降低 Mini-LED 背光模组成本。

目前 Mini-LED 背光模组尺寸主要集中在 27/32 英寸显示器产品，55-85 英寸电视产品。Mini-LED 背光是被认为最接近量产的 LED 新增长点，各大终端厂商也推出了相关产品，但从整体来看，实则处于产业的成长期，国内在芯片端的技术能力已经达到要求，但是整体 Mini 背光模组的系统集成却还达不到完全成熟的程度，大尺寸背板良率仍需提高，其他如发光角度、低电流控制、固晶强度及良率等问题也仍需进一步攻克。

Mini-LED 的发展较预期有所滞缓，一方面很大程度受芯片微缩影响，量产良率问题解决迟滞所致；另一方面成本高是 Mini-LED 大规模应用的关键制约因素。Mini-LED 应用灯珠数量迅速扩大，而灯珠成本受良率制约处于相对高位，导致 Mini-LED 产品价格居高不下。

因此，如何通过技术降低成本是未来 Mini-LED 发展的一大挑战。

另外，随着供给端技术成熟，Mini-LED 量产良率问题已有明显改善，Mini-LED 产品有望获得较长的存在周期。

随着 LCD 面板技术的发展，现如今 LCD 面板技术已经非常成熟，Mini-LED 背光可以凭借全新的架构、更出色的亮度和对比度助力 LCD 在高端市场实现 HDR 显示。Mini-LED 背光有着十分广泛的应用领域，除了电视之外，显示器以及中小尺寸的显示产品也非常适合进行产品开发。

作为 LCD 的辅助技术可以增进亮度和对比度，Mini-LED 背光充分符合 HDR 要求，具备极佳的细节表现力。但随着分区数增多，成本也会随之增加，因此如何合理平衡成本和画质是 Mini-LED 背光的关键。

针对现有技术，一方面需将 Mini-LED 背光做到较为精细的控制，因此，需要通过优化架构来降低成本，无论 PCB 还是玻璃基板都能够实现最优架构，同时需要兼顾优化冗余的连接器件，最终使产品整体结构十分精简。另一方面，在优化架构的同时，需要对数据传输的方法进行优化，以解决优化架构的通信问题，以达到将画质提升到新阶段的目的。

4.8.5 Mini-LED 背光驱动 IC 案例分析

从过去的显示技术的变化能够总结出，全产业链亟须降低产品成本，才能够让显示产品具备更大规模的量产性。而整个显示产业链的变革，离不开驱动 IC 的变革。

在新的 AM 驱动 IC 开发上，已经有国内的企业研究出在 Mini-LED 背光上配合主动式的驱动方法，具有如下技术特点。

（1）架构极为简易。通过不断创新，对整个架构简化了横向的扫描线（scan line），只保留了纵向的数据线（data line），同时也使用了独有的数据传输方法，保证数据的精确传输。由于该新型驱动 IC 的架构较为简易，使得 PCB 电路板能够从传统的双层结构演变为单层结构，抛弃了大量集成在外部的电容和电阻，最终提升了在量产环节的便捷性和量产性。

（2）独有的数据传输方式。通过独有的数据传输方式实现驱动芯片与控制芯片的双向数据传输，并通过 AM 驱动方式精准控制时序，大大提升 Mini-LED 的发光效率。

（3）更高的 HDR 和对比度。通过采用主动式 AM 驱动方案实现高分区，搭配局部调光（local dimming）以实现高画质。另外，与传统的 PM 驱动方式比较，AM 驱动方式不仅大大减小了驱动电流，而且能够实现可变的刷新频率，最终明显提升画质。

该新型驱动 IC 架构在市场上已经得到了应用与考验。2021 年年初，TCL 全球最薄 8K Mini-LED 背光电视 X925 Pro，搭载 TCL 第三代 Mini-LED 技术在该款产品上首次亮相。X925 Pro 拥有目前消费级市场上最高的 8K 分辨率，采用 OD0 技术，机身厚度仅为 9.9 mm。X925 Pro 拥有 144Hz 刷新率和 1 920 个背光分区，具有高对比度和超广色域等特点（图 4 – 23）。

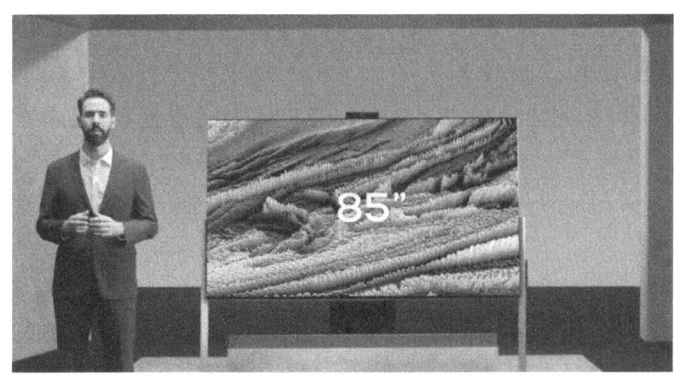

图 4 – 23 TCL 85 英寸 X925 Pro Mini-LED 8K TV

75 英寸 X11 Mini-LED 背光电视采用全矩阵式千万级精准控光，超高对比度可实现更高的 HDR 和对比度，视觉的逼真感带来身临其境的绝佳体验。并且支持 120Hz MEMC 运动补偿 + VRR 可变刷新率，四周无边框设计（图 4 – 24）。

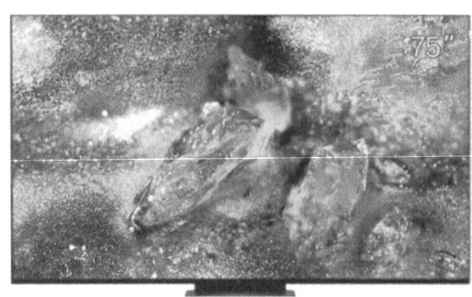 

图 4-24　TCL 75 英寸 X11 Mini-LED 背光 TV

TCL 以上两款 8K Mini-LED 智屏 X925 Pro、X11 Mini-LED 背光电视所使用的是显芯科技提供的 AM Mini-LED 背光芯片,就是采用业内首款 AM 主动式驱动方式,数字方式控制,实现画面同步无延迟。在实现高分区、高亮度、高动态刷新率的同时,Mini-LED 背光精细控光,使显示画质卓越提升,可以满足 TV、Monitor、商显等多种应用下的显示背光驱动需求。

4.8.6　Mini-LED 背光驱动未来发展趋势

高端显示技术是我国从显示大国迈向显示强国的关键。高端显示离不开 HDR,由于 HDR 要求较高,目前在高端显示领域 OLED 技术发展较为成熟,传统的 LCD 在高端显示方面则表现得差强人意。Mini-LED 背光作为 LCD 的辅助技术可以增进亮度和对比度,充分符合 HDR 要求,具备极佳的细节表现力。

近些年,国内大多数企业 Mini-LED 背光产品无法实现较高的分区,而分区较小,尤其是在 800 分区以下,PM 驱动方式能够使产品成本较低,因此使得市面上现存的 PM 驱动方式的产品远多于 AM 驱动方式的产品。随着显示技术的逐渐成熟,有些企业的产品已经能够实现较高的分区,但随着分区数增多,产品成本也会随之增加,因此如何合理平衡成本和画质是 Mini-LED 背光的关键。而 AM 驱动 IC 架构就能够完美解决该问题。

在高端显示领域里 Mini-LED 背光只是开始,未来,通过 AM 主动式驱动联动 Mini-LED 背光和前端面板以达到出色的协同效果,必将成为高端显示驱动技术创新的一个重要方向。

4.8.7　小结

驱动技术是 Mini-LED 背光技术的关键一环,不仅与 Mini-LED 的系统成本相关,而且对解决 Mini-LED 背光技术应用中所面临的问题也有积极的意义。例如通过驱动技术与 T-con 的整合来解决视频信号与背光控制信号不同步的问题,还有通过算法与驱动技术的结合解决 Mini-LED 灯板发光不均匀和局部视效不良等问题。

所以在看待未来驱动技术的发展方向时,不能仅仅从价格的角度进行判断,而应该从综合性能提升和背光系统的角度进行判断,通过驱动技术不断解决 Mini-LED 背光一些固有的问题,是未来驱动技术的主要方向。

4.9 背板技术难点

背板作为 Mini-LED 背光产品的关键组件,除了与 Mini-LED 进行电学连接,同时还承载着驱动 IC 布线的功能。

Mini-LED 背光基板材料主要包括 PCB 基板和玻璃基板,基板特性不同,应用场景也有区别。

4.9.1 PCB 基板

印刷线路板(printed circuit board,PCB)因为其产业链成熟,资源丰富,因此被最先应用于 Mini-LED 的产品。

PCB 基板的传统工艺为覆铜基板,通过感光材料(油墨或干膜)进行线路转印进而显影蚀刻加工出线路,具体流程如图 4 – 25 所示。

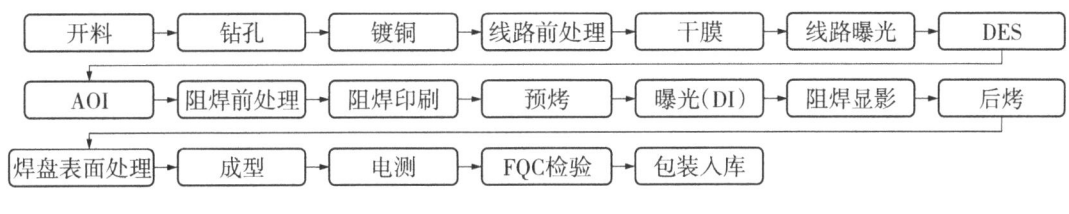

图 4 – 25 PCB 工艺流程

目前主要应用在 Mini-LED 背光产品的 PCB 基板有以下 4 种。

(1)FR4 PCB:原材覆铜板绝缘基材为 FR4 的印刷线路板,FR4 基材是一种耐燃等级为 FR – 4、成分为环氧树脂 + 玻纤布的层压板。其优点是电绝缘性能稳定,平整度好,加工性强等。

(2)BT PCB:原材覆铜板绝缘基材为 BT 树脂的印刷线路板,BT 树脂为日本三菱生产的一种由双马来酰亚胺树脂合成的材料,其他品牌同类产品一般称为类 BT 材料,优点为高 TG、高介电性、低涨缩、良好的力学特性,适用于薄硬板等。

(3)MC PCB:金属基印刷线路板,常用的有 AL 基板,特性为散热效果好、强度高、价格便宜等。

(4)FPC:中文名为柔性印刷线路板,基材为 PI 材质,优点为配线密度高、弯折性能好、厚度薄。

PCB 基板由于受材料特性及加工能力的影响,会存在以下问题影响产品的良率:

(1)板弯板翘:PCB 在制程加工及 SMT 制程加工中,均会造成板翘板弯超规格从而影响模组装配。

(2)铜箔/油墨平整:当 PCB 板的焊点铜箔或者油墨印刷导致平整性不佳时,将会因 Mini-LED 放置倾斜而造成 SMT 制程假焊现象。

(3)线宽线距:当 Mini-LED 电极焊点间距 < 75 μm,将会造成 PCB 线宽线距制造良率降低,增加生产成本。

(4)白油防焊变色:Mini-LED 所使用的 PCB 以白色防焊层为主,最主要的目的是要将

Mini-LED 的光反射出去。若 Mini-LED 与 PCB 焊接后，需要以二次回流焊方式维修或者工艺需要二次回流焊，将因白色防焊层耐温不够，造成白色面板的黄化问题，影响 Mini-LED 模组的反射率。

在 Mini-LED 设计轻薄化、背光显示的高规格要求下，PCB 背板上会设计大量的 Mini-LED 芯片和驱动 IC，PCB 板在 Mini-LED 加工过程中需要受到各种外力，因此 PCB 板的厚度均匀性、平整性、尺寸稳定性等物理特性都需严格管控。由于 PCB 制程成熟，目前应用于 Mini-LED 的 PCB 基板良率已经达到 80% 以上。

4.9.2 玻璃基板

玻璃基板是以玻璃为基材，在玻璃上布线形成电路，从而形成玻璃基板。由于玻璃材料本身的特性，使得玻璃基板在尺寸涨缩稳定性及平整度上有着得天独厚的优势。同时，玻璃基板的线路一般都是通过开光罩制作，因此线路精度非常高。但是玻璃基板的劣势也很明显，玻璃的材料特性导致玻璃基板容易碎裂，机械强度不佳，线路导电材料厚度受限，因此线路的通流能力受限。

由于玻璃基板在 Mini-LED 背光应用的时间较短，且玻璃基板存在着一些亟待解决的问题(线路通流能力/玻璃双面线路能力)，因此，目前玻璃基板在 Mini-LED 背光上的应用还不是特别成熟。

此外，玻璃基板线路开光罩的费用较高，在玻璃基板规模化应用及良率提升之前，其成本优势暂时无法体现。

4.9.3 小结

无论是 PCB 基板还是玻璃基板，各有其自身的优劣势。目前量产方案主要采用铝基板，主要原因在于成本低廉，散热性能好，虽然玻璃基板在大规模量产的情况下成本将会更有优势，但现阶段玻璃基成本要高于 PCB 基板。由于材料本身的性质，玻璃基在散热性、平坦度及拼接缝等性能方面优于 PCB 基板，但是玻璃基易碎裂导致的低生产良率也成为其大规模量产路上的拦路虎。

不同基板有不同的优劣势，图 4-26 所示为 COB/COG 应用搭配不同基板的优劣势，因此在当前阶段，要根据板子的不同特性，Mini-LED 背光产品的应用需求来选择不同的基板。

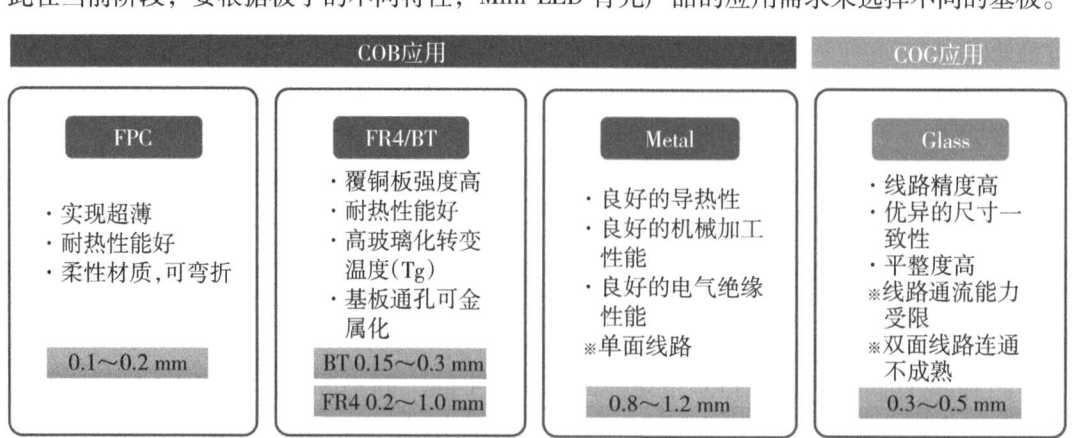

图 4-26 COB/COG 应用搭配不同基板优劣势

4.10 Mini-LED背光关键组件——色转换材料

4.10.1 色转换原理，不同材料介绍

由于 LCD 本身不发光，需要背光来提供光源，那么要使 LCD 显示出丰富多彩的颜色，就需要背光源来提供红绿蓝三基色光，通过 LCD 像素，控制背光中透过 LCD 屏不同颜色的光的比例，以此来显示多种多样的颜色。

Mini-LED 背光需要通过一些色转换材料将蓝光转换成具有红绿蓝三基色的白光。通常这种色转换通过在 LED 中封装荧光粉来实现，但是荧光粉的颗粒较大，无法适用于 Mini-LED 背光这种小芯片的结构中，而且普通荧光粉的色域较低，也无法满足 Mini-LED 产品高色域的需求。所以当前 Mini-LED 背光主要采用量子点色彩增强膜（QDEF）片作为光转换的主要方式，如图 4-27 所示。

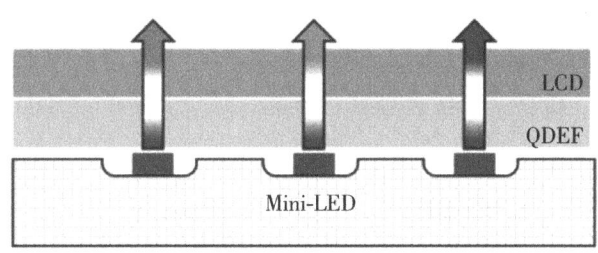

图 4-27 量子点膜片搭配 Mini-LED 背光

4.10.2 色转换不同材料对比（荧光粉、量子点、荧光粉+量子点）

采用蓝光 Mini-LED 作为入射光源时，受波长一致性、驱动电压、电流波动等因素的影响，在背光全白场检测中经常出现白场亮度不均或色度不均的问题。在传统产业中，波长一致性的问题通常通过分 Bin 的方法来解决，但一般分 Bin 都是在完成封装后再进行，将已经分好 Bin 的 Mini-LED 按照不同算法选择混合，而 Mini-LED 背光通常使用 COB 封装方案，芯片按照同一 Bin 排布在蓝膜上。如果在转移过程中进行分 Bin 会降低转移的速度，同时大大增加转移的难度，所以目前出现的光色不均匀性问题，一般通过增加膜片的层数和扩散度，或者使用 Demura 技术来解决。但这些方法都会牺牲 Mini-LED 背光的亮度，增加功耗，进而容易造成热量集中等问题。

量子点背光技术是基于量子点（QD）材料吸收蓝光后转换为红光和绿光，再与入射的蓝光混合为白光的技术。量子点背光产业链从上游到下游依次为上游量子点材料和阻隔膜、中游量子点膜和下游量子点背光模组。量子点材料和阻隔膜供应商，负责量子点材料与阻隔膜的设计和生产，代表性公司有 Nanosys、纳晶；量子点膜公司，完成量子点光学膜的涂布和复合工艺，代表性公司有纳晶、激智科技、普加福等。

目前 Mini-LED 背光中主要采用的是硒化镉和磷化铟量子点色彩增强膜技术，只有苹果公司使用新红粉+贝塔塞隆绿粉（β-Sialon）光转换膜片技术。近几年钙钛矿量子点材料

的技术进步很大，目前已经在开发将钙钛矿量子点应用于 Mini-LED 的背光技术中。不同光转换方式的优劣势对比如表 4-7 所示。

表 4-7 不同光转换方式优劣势对比

转换材料	成本	色域	效率	应用厂家
硒化镉量子点	低	高	中	大部分厂家
磷化铟量子点	中	中	低	三星
钙钛矿量子点	低	高	高	尚未大规模量产
荧光粉膜	高	低	高	苹果

4.10.3 色转技术未来发展的趋势

从显示效果和成本方面综合衡量，未来 Mini-LED 产品色转换方式仍然会以量子点技术为主，量子点色转换器件渐从膜片转向量子点扩散板。量子点材料将会从传统的硒化镉、磷化铟体系的量子点逐渐扩大到新型的钙钛矿量子点材料。

除了 Mini-LED 背光面临的技术层面的问题外，在应用层面也面临着多方面的挑战，笔者将从技术必需性、价格、分区合理性、节能、环境光影响、Halo Effect 6 个方面进行阐述(图 4-28)。

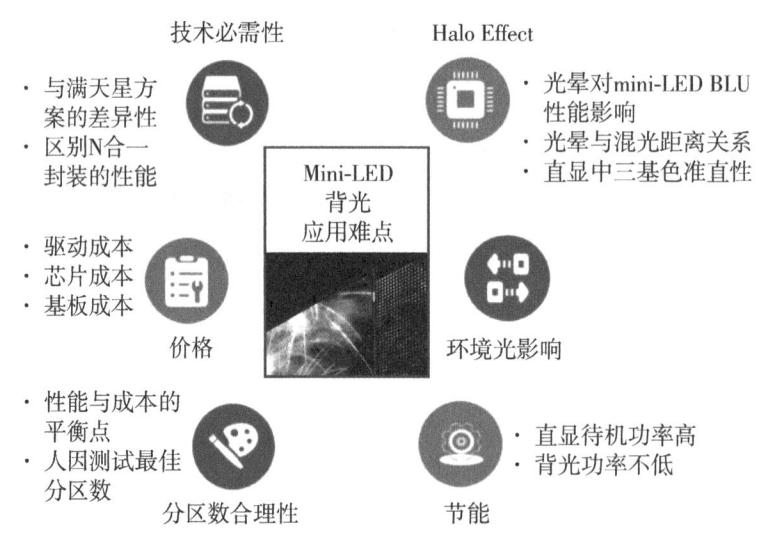

图 4-28 Mini-LED 背光技术应用挑战

1. 技术必需性

如前面在 Mini-LED 背光的定义中所述，在应用端比较突出的问题就是 75~300 μm 芯片存在的必要性。这个尺寸范围内的芯片对应的 Mini-LED 背光对 TV 产品性能的提升幅度，使用满天星的背光方案或多分区的背光方案也可以达到。在这里笔者并不是否定 Mini-LED 背光技术的存在价值，而是需要整个行业根据其特性能够进一步开发出新的功能。从给消费者赋能的角度促进 Mini-LED 背光技术的发展。

2. 价格挑战

苹果公司在 2021 年 3 月发布了搭载 Mini-LED 背光技术的 iPad Pro 产品，该产品尺寸为 12.9 英寸。这款 iPad Pro 使用了 10000 颗 Mini-LED 芯片，其 Mini-LED 背光光源部分的成本比传统的同尺寸 LCD 显示屏高 166%，比同尺寸 OLED 的显示屏高 32%。

使用 Mini-LED 背光技术的 65 英寸电视，在背光源部分的成本为传统侧入式机型的 148%，是传统直下式的 2 倍。高成本来自于芯片成本，转移、检测、修复的工艺成本，多层电路基板的成本，多分区驱动造成的驱动成本。相比于产品本身采用了何种显示技术，消费者更加关心的是显示终端的性价比，所以如何在未来几年大幅度降低 Mini-LED 背光技术的应用成本是该技术的一个重要发展方向。

3. Halo Effect 的影响

Halo Effect，意为光晕。在使用分区控制技术中，单位分区的光扩散的区域既为光晕区。

传统认为光晕的区域越小越好，但实际上如果真的将 Mini-LED 背光中的光晕做到极小，在实现 Local Dimming 技术中会出现类似于马赛克的效果，显示效果反而会下降。反之，如果光晕区域太大也会大大影响 Mini-LED 背光实现高对比度的效果。所以如何能够量化地定义 Halo Effect，并且能根据实际需要选取终端需要的光晕值，是 Mini-LED 背光技术走向应用所面临的一个重要课题。此外，随着 Mini-LED 背光中的混光距离（OD）变化，产生的光晕效果不同，所需要的调制算法也就不同。所以 Halo Effect 效应与混光距离以及分区数量都有密切的关系。如何能够配合 OPEN CELL 的类型和算法的需要，定义并设计出合理的光晕值，对于发挥 Mini-LED 背光在终端应用中的最大价值尤为重要。

4. 分区的合理性

分区数量是衡量 Mini-LED 背光技术的重要指标，同时分区数量也是决定性能、方案以及成本的关键参数。其关系如图 4-29 所示。

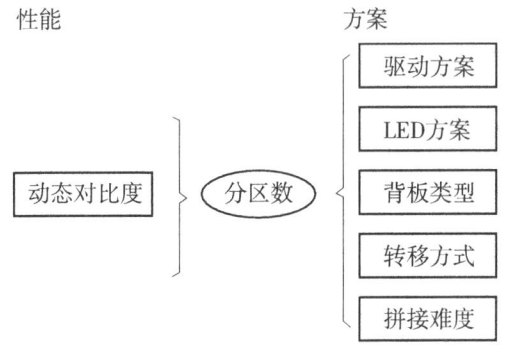

图 4-29 分区数量与性能、解决方案之间的衡量参数

从理论上讲，Mini-LED 背光的分区数越多越好，如果能做到像素级分区，那么就可以追平甚至超越 OLED 的显示效果。但随着分区数量的上升，其驱动成本、LED 的使用数量、背板线路的复杂程度都会造成成本的直线上升。

此外，显示技术最终还是靠人眼来评价和感知，理论参数值的提高不意味着人眼感知也能够提高。通过设计并进行主观实验，确定人类对 Halo Effect 的视觉感知极限。Lab-PSNR 是一种用于量化显示图像和目标图像之间差异的评估指标，这个值在实际应用中应大于 47.4 dB。基于此，可以提出对分区数量的要求：对于高 CR 5 000∶1 的 LCD 面板，超过 200 个分区即可，对于 CR 2 000∶1 的 LCD 面板，需要超过 3 000 个调光区域。

所以如何在性能与成本之间选择一个平衡点，在保证人眼感知性能的前提下，尽量减少分区的数量是显示终端在应用 Mini-LED 背光技术时的一个重要课题。

5. 环境光的影响

近几年关于环境光对对比度、色域影响的研究很多，环境光的问题之所以能够吸引众多的研究人员深入其中，就在于终端工作的场景是伴随有环境光的。而技术人员在测试显示终端性能时，通常是在暗室条件下测量，这样测量的显示指标并不能等同于消费者在实际使用过程中的感知。

正是由于环境光对于显示效果，尤其是对比度有较大的影响，还诞生出了环境光对比度的定义和计算方法。此处笔者无意深入讨论环境光对比度的概念，但在实际工作中发现，LCD 与 OLED TV 相比，当屏幕反光亮度大于或接近 LCD 背光的漏光亮度时，二者的显示效果就比较接近了。如果 LCD 的上偏光片使用了 AG 和 AR 处理工艺，即使没有多分区的 Local Dimming 功能，LCD 的显示效果，尤其是对比度的效果，都会得到显著的提升。

简而言之，在环境光的影响下，Mini-LED 背光技术所提供的高亮度、高色域的性能也许比多分区更有价值。那么如何衡量环境光影响下 Mini-LED 背光技术在 TV 终端的应用也将是直接影响到终端消费者体验的重要因素。

6. 节能

理论上 Mini-LED 背光技术的驱动电流小，又有分区控制技术的加持，因此 Mini-LED 背光技术的能耗被认为将远低于传统的 LCD TV。以 75 英寸 TV 为例，一般传统的 LCD TV 背光功率在 250W 左右，但使用 Mini-LED 背光一般功率会超过 350W，高出的 100W 主要有几个来源：低电流驱动芯片时，芯片的光电转换效率低；当驱动芯片数量增多后，驱动芯片的耗电量将会增加；此外驱动板使用低电压、大电流供电，会造成线损增加，电源效率低。

为了解决这些问题，芯片厂家积极开发电流驱动下高效率的 Mini-LED 专用芯片，此外，使用 MJT 技术，将多个 PN 结复合，将芯片的驱动电压从原来 3V 提高到 12V 或 24V，以此来减少线损，提高电源的使用效率。在驱动 IC 方面，使用共阴节能、动态节能、黑屏节能以及低转折节能等技术来降低驱动 IC 的能耗。从以上解决方案来看，Mini-LED 背光技术的功耗问题在未来有望取得较大的进展。

4.10.4 小结

Mini-LED 背光技术在 TV 等显示终端的应用是近年来最具前景和革命性的事件，国外显示巨头如三星、LG 和苹果等公司纷纷入局，相继发布自家的 Mini-LED 背光产品。在国内，TCL 最早发布了应用 Mini-LED 背光技术的电视产品，小米、海信、创维等公司也逐步跟进。

　　尽管如前所述，Mini-LED 背光技术可以在外观形态、对比度、亮度、色域等方面助力 LCD 产品在与 OLED 产品的竞争中取得优势。但我们也要看到，目前 Mini-LED 背光技术并不是完全成熟的，与其他新型显示技术相比，也许没有科学级的问题要突破，但其自身的技术方案还没有成熟，从产业化的角度看，距离真正的大规模量产仍有差距。

　　此外在应用上，也有一些关键问题需要进一步研究和解决。其中各个问题之间仍具复杂的关联性，分区数与成本、光晕、算法等具有极强的相关性，在这方面我们仍然缺乏综合性与系统性的研究，无法将单个要素的研究成果有机地整合起来，以达到综合用户体验、性能、成本的最佳 Mini-LED 背光技术方案。

　　在显示技术大爆发时代，Mini-LED 背光技术已具备规模应用的能力。通过和量子点膜片结合，可以同时提升液晶显示的色彩和对比度，成为液晶技术对抗 OLED 的新技术支撑。对于中国这样一个液晶投入大国，具有重要的产业战略价值。

5 量子点背光源

5.1 前言

21世纪是一个信息与显示的时代,显示技术无处不在,从日常使用的智能手机、平板电脑等小型显示设备,到家庭电视、广告显示屏等大型显示设备,再到办公用的投影仪等都与显示技术息息相关。纵观显示技术的发展历史,大致经历了从厚到薄、从重到轻、从黑白到彩色、从普清到4K的一层层蜕变,其中包括已经退出历史舞台的阴极射线管(CRT)成像技术和等离子显示技术(PDP),以及现在主流的液晶显示技术(LCD)与飞速发展的有机发光二极管显示技术(OLED)。

显示技术发展到今天,随着信息量的迅猛增长,人们从显示器中得到的信息不再局限于简单的文字和图片,更需要显示出色彩绚丽的图像和视频文件,这就要求显示器件需具备优异的色彩表现力。色彩表现力可以用色域这一参数来衡量,色域就是一个显示器件所能显示色彩的最大范围,在CIE色度图中呈现为红绿蓝三基色三个点所围成的三角形区域,NTSC(National Television System Committee)是美国国家电视标准委员会制定的一个高清电视的显示标准。目前普通的LED液晶电视的色域大概为72%~92% NTSC,白光OLED的色域约为89% NTSC,而量子点液晶电视的色域能够达到110% NTSC,由此可见基于量子点的液晶显示器在提升色域方面的潜力。近年来,随着显示器件各方面性能的不断刷新,全新的超高清显示定义标准(Rec.2020标准)也应运而生。

日新月异的显示技术,经历了数代变迁,但每一代新技术的出现都从未离开过新材料的发展。量子点发光材料催生的量子点背光显示技术,就是在现有主流的LCD结构基础上发展起来的一类新型显示技术。将量子点材料应用在LCD的背光结构中,利用量子点材料的窄发射光谱优化LCD背光中的光谱成分,以解决液晶显示器一直存在的色域低的缺陷。2015年以来,"量子点电视"逐渐走向市场,TCL、三星等国内外知名的电视厂商都发布并开始出售自家的量子点电视,追溯量子点电视的发展历史,早在2013年美国的QD Vision公司开发的Color IQ技术,被应用于SONY公司推出的高端电视中,当时叫作"特丽魅彩TRILUMINOS"技术。从科学研究的角度看,量子点显示技术更是由来已久,2010年,来自三星公司的研究团队首次将量子点应用到了一台46英寸的液晶显示器实验样机中,成功显示出彩色图像,通过测试验证了量子点在提升LCD色域中的巨大潜力。

本章主要从两个方面对量子点背光技术的进展进行概述,并结合作者对量子点材料和显示技术的认识提出量子点背光技术发展中存在的问题和挑战以及未来可能的发展方向。

(1) 概述了量子点背光技术中具有重要应用前景的几类量子点材料及其发展现状。

(2) 详细介绍了量子点背光技术的应用结构,以及对应于不同应用结构中的量子点材料的复合与封装工艺发展现状,主要分为量子点与无机材料复合形成的复合材料以及量子点与聚合物复合形成的量子点光学膜。

5.2 面向背光技术应用的量子点材料

量子点背光技术因为在色彩表现力方面的卓越表现,受到越来越多研究人员的关注和青睐。量子点,又称为纳米晶,是由有限数目的原子组成的,三个维度上的尺寸均在纳米数量级。量子点一般为球形或类球形,是由半导体材料制成的、稳定直径在 2～20 nm 的纳米粒子。作为一种新颖的半导体纳米材料,量子点具有许多独特的光学性质,诸如发光效率高、发射光谱窄、发射光谱可调等,这些性质都是量子点得以在显示器件中应用的重要前提。在这些光学性质中,量子点以其非常窄的半峰宽吸引着技术人员的眼球,被认为是"史上最好的发光材料"。

在一个典型的液晶显示器中,其色域主要是由背光源和液晶面板中的彩色滤光片共同决定的,而发光材料的半峰宽又决定了背光源的色域。在传统的白光 LED 背光源中,光谱由蓝光(400～450 nm)和较宽光谱的黄光(550～650 nm)两种组分构成,而应用了量子点的背光技术中,光谱由窄发射的红绿蓝(RGB)三组分构成。从背光源中发出的白光经过彩色滤光片后会被过滤成 RGB 三基色的光,通过液晶控制 RGB 三基色的强度,从而实现不同彩色图像的显示。由此可以看出,在传统的白光 LED 背光中,彩色滤光片是决定液晶显示器色域的最主要因素,比如常用的 72 型彩色滤光片,得到的液晶显示器的最终色域大概为 72% NTSC,量子点背光技术的应用可以将液晶显示器的色域提升至 110% NTSC。此外,由于白光 LED 背光中大部分的黄光会被过滤掉,导致背光的利用率降低,相关的分析表明,彩色滤光片对背光的利用率仅为 30%。除了提升色域之外,量子点背光技术的优势还表现为,RGB 分离的背光光谱与彩色滤光片的透过率光谱区间基本吻合,从而可以提升背光源的利用率,在相同的工作电压下,量子点背光技术能够将屏幕亮度提升到原有的 120%。

量子点发光材料的种类繁多,半峰宽窄是保证其在背光技术中应用的一个重要前提。本章将对几类在背光技术中具有重要应用前景的量子点材料进行简要概述。如图 5-1 所示,在量子点的发展历史长河中,以 CdSe 为代表的 Ⅱ-Ⅵ族量子点研究得最早,技术也最为成熟,是目前显示背光技术中使用最多的材料。CdSe 量子点的材料合成在 1993 年取得了突破性进展后,有关材料的合成、性质、结构以及应用方面的研究源源不断,最近检索表明这篇文章的引用次数高达 8 300 多次。由于核壳结构以及合金化手段是提升 CdSe 量子点发光效率和稳定性的重要手段,前面提到的第一次将 CdSe 量子点应用到 46 英寸的液晶显示器背光的研究中,所使用的 CdSe 量子点就是合金化结构和多壳层的核壳结构。在 Ⅱ-Ⅵ族的 CdSe 量子点体系中,材料的半峰宽在 30～50 nm 之间,在精细的合成条件与结构的控制下,前面提到的绿光量子点半峰宽可以小于 30 nm。与此同时,材料的荧光量子产率逐步提升,已经接近 100%。然而,限制这类材料发展的最主要因素还是 Cd 元素的存在,目前已经有多个国家明确宣布限制含 Cd 电子产品的使用,2016 年 1 月中国颁布的《电器电子产品有害物质限制使用管理办法》中,要求 Cd 的含量低于 100 ppm,因此寻求非镉材料体系成为发展的必然趋势。

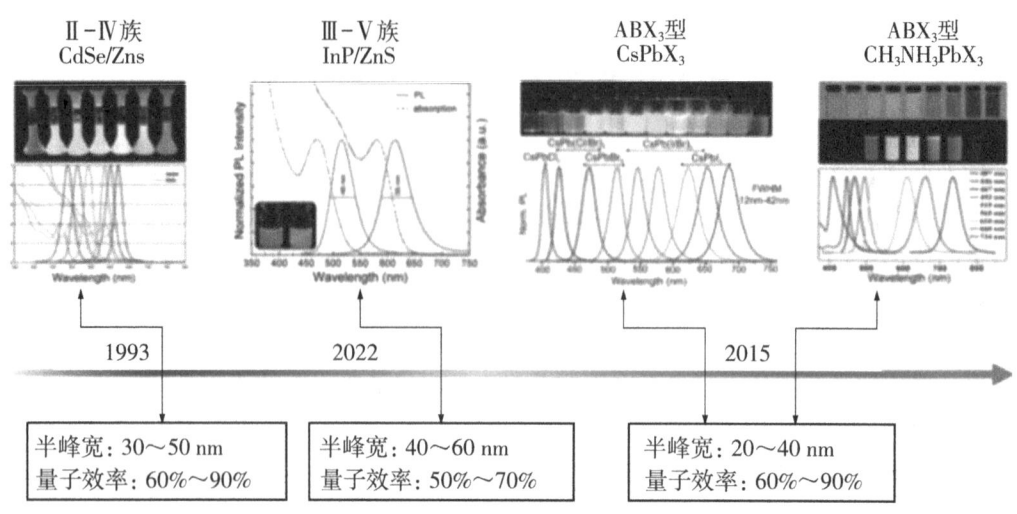

图5-1 在显示器件中具有重要应用前景的几类量子点材料

在无 Cd 量子点材料中，以 InP 为代表的 III - V 族量子点是发展得相对最为成熟的一类材料，该类材料的合成工艺与 CdSe 量子点相似，2002 年取得突破进展，一直受到持续的关注。与 CdSe 量子点相比，InP 体系的量子点材料，荧光量子产率略低，一般在 70% 左右，在半峰宽方面，InP 量子点要比 CdSe 量子点宽很多，核壳结构的绿光 InP/ZnS 量子点的半峰宽为 40～50 nm，红光 InP/ZnS 量子点为～55 nm，与传统的稀土发光材料相比，在提升液晶显示器的色域上的优势不明显，作为一类环境友好型的量子点材料，提升 InP 量子点的半峰宽和亮度是当前的主要挑战。

除上面提到的 II - VI 族和 III - V 族两大类之外，2020 年以来出现的 ABX_3 型钙钛矿量子点材料引起人们的密切关注，2015 年本课题组的研究人员采用配体辅助再沉淀的方法成功合成出 $CH_3NH_3PbX_3$（X = Br，I，Cl）有机-无机杂化钙钛矿量子点，$CH_3NH_3PbX_3$ 量子点的发光波长在可见光区内能够很容易地进行调节，无须包覆核壳结构，材料的荧光量子产率达到了 70%，经过优化之后已经超过 90%。除此之外，钙钛矿量子点材料非常窄的半峰宽（绿光量子点～21 nm）让人眼前一亮，远远低于现有的含镉量子点。将绿光钙钛矿量子点与一种红光 K_2SiF_6：Mn_4+ 荧光粉混合封装在蓝光 LED 芯片结构中，最终得到的白光 LED 器件的色域为 130% NTSC，展现出了该类材料在量子点背光技术中的巨大应用潜力。

与此同时，来自瑞士研究小组的 Protesescu 等人，采用热注入的方法成功合成出纯无机的 $CsPbX_3$（X = Cl，Br，I）的钙钛矿量子点发光材料。纯无机的 $CsPbX_3$ 钙钛矿量子点具有与 $CH_3NH_3PbX_3$ 量子点相似的性质，如图 5-1 所示，值得关注的是 $CsPbBr_3$ 绿光量子点的半峰宽更是低至约 15 nm，虽然笔者未能将 $CsPbX_3$ 量子点应用于 LED 器件中，但是通过模拟计算，使用该量子点发光材料的显示器件色域值可达 140% NTSC。钙钛矿量子点的高效发光以及窄半峰宽特性将量子点显示的优势发挥得淋漓尽致，必将成为当下乃至未来显示领域中的代表性材料，这两篇论文研究也掀起了新钙钛矿量子点显示技术的研究热潮。

5.3 基于量子点材料的背光技术

5.3.1 量子点背光技术的封装结构简介

在量子点背光技术中，根据量子点材料封装方式的不同可以分为 3 种类型：

(1) On-chip 型，如图 5-2a 所示，在这种结构中，量子点发光材料替代传统的荧光粉材料封装在贴片蓝光 LED 中，得到一系列的贴片白光 LED，再根据背光模组的尺寸焊接制成 LED 灯条。这种结构的优势在于量子点发光材料的用量非常小，降低了成本。然而，这种结构对量子点材料的稳定性要求非常高。一般蓝光 LED 芯片，正常工作时发光芯片与支架之间的结温在 85~120 ℃，再加上量子点发光材料自身在光转换过程中释放的部分热能，实际情况下，量子点发光材料需要在~150 ℃的温度下长期保持正常的发光性能。此外，一个 1 W 的蓝光 LED 芯片的辐射光功率为~60 W/cm^2，即量子点发光材料除了需要具备高的热稳定性之外，还需要具备高的光稳定性，这对于目前的量子点发光材料而言，仍然是需要克服的巨大挑战。

(2) On-surface 型，如图 5-2b 所示，量子点发光材料制成光学膜以远程封装的形式应用到背光模组中，量子点材料制成的光学膜位于背光模组中导光板的正上方。蓝光 LED 先制成灯条置于背光模组的侧边，LED 灯条发出的蓝光经过导光板和反射膜的协同作用形成了均匀的蓝光面光源，蓝光面光源再激发光学膜中的量子点材料发出绿光和红光，进而组合形成白光背光源。在这种结构中，量子点发光材料受到来自蓝光 LED 芯片的热辐射影响大幅降低，加上导光板对蓝光的均匀分布作用，量子点发光材料需要承受的光辐射也只有 1~10 mW/cm^2，现有的量子点发光材料完全能够满足应用要求。只是在这种结构中，随着背光模组尺寸的增大，量子点发光材料的大用量是一个问题，带来的直接后果是成本高的工程应用问题。因此，在 On-surface 型背光应用结构中，量子点光学膜的大面积制备工艺是限制其大规模应用的重要原因之一。

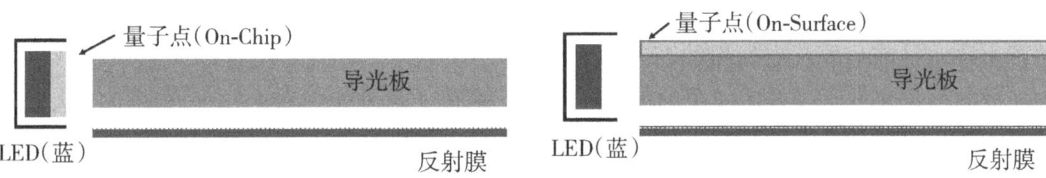

(a) On-chip 结构，量子点发光材料封装在蓝光 LED 贴片上

(b) On-surface 结构，量子点与基质形成的量子点光学膜置于导光板的正上方

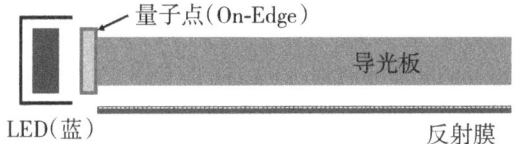

(c) On-edge 结构，量子点与基质形成的复合材料置于蓝光 LED 与导光板的侧边

图 5-2 量子点背光结构示意

(3) On-edge 型，如图 5-2c 所示，这种结构是前面两种背光结构的折中方式，先将量子点材料封装成长条状，然后置于蓝光 LED 灯条和导光板的侧边，一方面能够降低蓝光 LED 的热辐射和光辐射对量子点发光材料的影响，另一方面还能够减少实际应用中量子点发光材料的消耗量。理论上，On-edge 型结构也是量子点背光技术最具应用潜力的应用方式之一。但是现有的量子点玻璃管封装技术存在发光效率低以及不利于组装操作的问题，因此在实际应用中逐渐被淘汰。

早在 2013 年发表的一篇关于量子点发光材料与显示应用的文献中，作者预言了 5 年内（即到 2018 年）上述 3 种量子点背光技术应用结构在不同尺寸的显示器件中的应用走向：在智能手机、平板电脑等中小尺寸显示器件中以 On-chip 型和 On-surface 型结构为主，在电视等大尺寸显示器中以 On-edge 型结构为主。

就当下量子点背光技术的发展情况而言，在 2014—2015 年之间，美国的 QD Vision 公司开发的量子点光管技术成功应用于 On-edge 型背光结构中，实现了量子点电视的商业化，可以称为第一代量子点背光技术。但是在这种玻璃光管封装的量子点背光技术中，量子点材料面临着容易泄露以及碎裂的安全性问题，限制了其大规模的应用和发展。

此后，在 2015 年，3M 公司和 Nanosys 公司联合开发的应用于 On-surface 型结构中的量子点增强膜技术成为当下量子点背光技术的主流发展方向，也可以称为"第二代"量子点背光技术。国内的纳晶、普家福等公司也都在发展各自的量子点光学膜技术，上述几家公司的量子点光学膜主要是基于 CdSe 量子点进行，而韩国的三星公司也在开发其基于 InP 量子点的光学膜技术，目前市面上均有相对应的量子点电视出售，价格都在万元以上。

基于量子点光学膜的背光技术大多应用在 55 英寸以上的高端液晶显示器中，但 2016 年以前还没有关于采用量子点背光技术的手机或者平板显示器等小尺寸显示器出现，主要原因还是归结于 OLED 显示技术的飞速发展，在小尺寸屏幕中，OLED 显示技术日渐成熟，虽然从色域这一参数上看 OLED 没有量子点背光技术有优势，但是 OLED 显示技术相比于基于液晶显示器的量子点背光技术要更加轻薄与节能，完全符合小尺寸显示器件的设计要求和发展趋势。

基于量子点背光技术的量子点电视要想真正得到普及和推广应用，需要从降低成本的角度出发。目前量子点光学膜的高成本与量子点材料的用量大以及制备工艺烦琐息息相关，因此，量子点背光技术应用的关键还要归结到量子点发光材料上，一方面可以从提升量子点发光材料的稳定性出发，开发能够满足 On-chip 型结构应用的量子点材料，这一路线的难度较高；另一方面可以开发新型的封装与复合手段来提升量子点发光材料的应用稳定性和可靠性，从而制备出满足 On-edge 型结构的量子点背光技术，与此同时发展 On-surface 型结构用量子点光学膜的工艺简化技术，从生产工艺的角度推进量子点背光技术的普及与应用。

5.3.2 量子点背光技术中的无机复合材料与工艺

量子点发光材料的稳定性是目前应用中的技术关键。除了从结构层面上（核壳结构与合金化结构等）提高材料的稳定性之外，量子点发光材料的稳定性还可以通过与其他基质材料复合的方式来优化和改善，量子点发光材料与基质材料复合在一起可以形成新的稳定结构。常用的基质材料分为有机和无机两大类，有机材料以硅胶树脂、环氧树脂、聚甲基丙烯酸甲酯(PMMA)、聚苯乙烯(PS)等透明聚合物为主，无机材料以各种氧化物和无机盐为主，最近的一些研究表明，采用无机材料作为量子点的复合基质得到的复合材料具有更好的稳定性表现，对于 On-chip 型以及 On-edge 型的背光结构来说，量子点发光材料的稳定性是限制其应用的关键，因此，关于量子点与无机基质材料复合的研究报道层出不穷，研究人员都希望发展新的复合技术来获得可以稳定使用的复合发光材料。

2012 年，OTTO 等人首次将水溶性的 CdTe 量子点复合到了 NaCl、KCl 和 KBr 的离子型无机盐中，最终获得了如图 5-3a 所示的基于无机盐晶体的量子点复合发光材料，与单纯的量子点溶液相比，嵌入无机盐晶体中的量子点材料的光稳定性得到显著提升。但是对于 NaCl 这类离子型的无机盐来说，它们大多只能溶解在水溶剂体系中，因此要实现上述量子点与无机盐基质的复合过程，需要量子点发光材料也同时能溶解于水溶剂体系中。少数直接在水相体系中合成出来的量子点材料的发光效率较低，不能满足应用要求，而绝大多数的高质量量子点发光材料都是在油相体系中合成的，诸如前面提到的 CdSe 量子点、InP 量子点以及 ABX_3 型的钙钛矿量子点，这几类量子点材料均不能分散在水溶剂体系中，要实现与上述无机盐基质的复合，通常需要经过一个转相或配体交换过程，将油溶性量子点表面的有机胺配体置换为可以分散在水相体系中的有机酸配体。

（a）CdSe/ZnS量子点与NaCl无机盐晶体形成的复合发光材料　　（b）CdSe/CdS/ZnS量子点与二氧化硅通过溶胶-凝胶缩合反应形成的复合发光玻璃

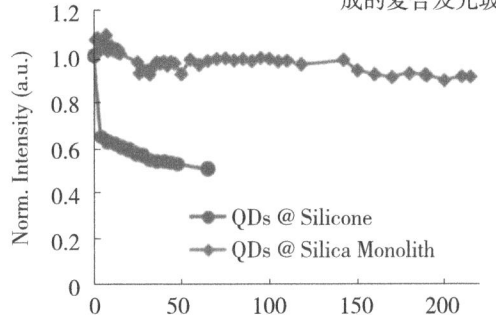

（c）复合发光玻璃与有机硅胶树脂基复合发光材料的热稳定性对比

图 5-3　量子点与二氧化硅复合后稳定性分析

配体交换过程能够实现量子点发光材料从油溶性到水溶性的转变，但是同时也会导致量子点发光材料的发光效率大打折扣。ADAM 等人采用将 CdSe/ZnS 量子点表面的有机配体替换为 MPA，从而得到水溶性的 CdSe/ZnS 量子点，然后再选用 $Na_2B_4O_7 \cdot 10H_2O$ 作为无机盐基质材料进行复合。但是由于配体交换过程中量子点材料的量子产率下降了约 50%，这是限制复合材料发光效率的最主要因素。

除此之外，有机改性的硅酸盐玻璃是一类优选的无机基质材料，量子点材料与有机改性的硅酸盐玻璃通过溶胶-凝胶缩合反应可以得到力学性能好、量子点分散均匀、透明性高的复合发光玻璃。JANG等人首先采用6-巯基-1-己醇将CdSe/CdS/ZnS量子点表面的配体进行置换,然后选用四乙基原硅酸盐(TEOS)作为基质材料,添加丙胺作为溶胶-凝胶缩合反应的催化剂,最终得到了量子点体积浓度为12%的复合发光材料,在100℃下退火后还能维持原有的荧光强度。溶胶-凝胶法制备的复合发光材料除了能够提高量子点的稳定性之外,该方法制备的复合材料力学性能好,形状可以控制,在前面提到的On-edge型应用结构中具有很大的应用潜力,特别是相比于量子点光管技术而言,溶胶-凝胶法制备的复合发光材料在应用上具有更高的安全性。

无机材料基质的结构致密性以及对紫外、蓝光的耐受性,使其作为量子点的复合基质可以提供有效的保护作用,获得更加优异的光热稳定性能。但是,量子点材料与无机材料之间的可加工性是限制其大规模应用的重要因素,具体表现在以下两个方面。

(1)量子点材料与无机材料基质的溶剂匹配性差,前面提到的几类量子点材料均不能够满足与无机材料基质直接复合的条件,但是经过配体交换之后的量子点通常会极大地降低材料的发光效率。

(2)量子点材料与无机材料基质形成复合材料的周期长、产率低,难以实现批量化生产。

针对上述问题,聚合物基质材料的优势就显得非常突出,较之无机材料而言,一些常用的光学基质材料(PS、PMMA、PET)在抗紫外和抗氧化能力方面虽然存在一定的不足,但是可以通过引入添加剂的方式来解决。因此,发展聚合物基的量子点复合发光材料是量子点走向应用的关键,也一直是科学界和工业界研发人员的关注重点。聚合物作为量子点材料的复合基质,在材料种类的选择上具有无限的可能性,可以根据量子点材料的加工特性选择合适的聚合物基质及其加工方法,从而获得满足On-surface型背光应用要求的量子点光学膜(发光效率高、面积大、透明性高、稳定性好等)。

5.3.3 背光应用中的量子点光学膜发展现状

聚合物基质材料的选择是复合材料制备的基础,聚甲基丙烯酸甲酯(PMMA)因其在可见光区非常高的透光率被广泛使用,韩国的一个研究小组采用PMMA作为量子点发光材料的复合基质,采用PVA/PVP的混合物作为中间黏结层,采用溶剂挥发工艺制备得到了双层的复合发光薄膜。

除了PMMA之外,还有种类繁多的聚合物可供选择,聚乙烯吡咯烷酮(PVP)就是其中之一,LEE等人分别将绿色和红色的InP/ZnS量子点嵌入PVP基质中获得了绿色和红色的复合发光薄膜。此外,王慧卿等人采用氰基纤维素作为量子点的基质材料,得到柔韧性良好的复合发光薄膜,曾海波等人选用PVA作为量子点的基质材料,同样制备得到了复合发光薄膜。朱敏等人选用PEEK作为量子点的基质材料,由于PEEK聚合物自身就具备光致发光性质,通过调节量子点与PEEK的发光波长,可以实现复合材料在紫外光激发下发出不同颜色的光。

前面提到的这几类聚合物基质材料其衍生物都是基于量子点的溶解性进行选择,比如与PMMA类似的可以溶解在非极性溶剂(氯仿、甲苯等)中的聚合物适合于油相体系中合成的量子点材料,与PVA类似的可以溶解在极性溶剂(水)中的聚合物适合于水溶性的量子点材料，因此，根据前面提到的几类窄半峰宽的量子点材料的溶液加工特性，选择匹配的聚合物基质是制备高质量量子点光学膜的关键步骤之一。

此外，聚合物基质的选择还与能否大面积制备息息相关，特别是复合薄膜的力学性质，大面积的光学膜制备要求聚合物基质材料具有一定的柔韧性，否则当光学膜材料的面积增大后很容易发生碎裂、断裂等现象，不能满足应用要求。如图 5-4a 所示，Mutlugun 等人在 InP/ZnS 量子点的合成中引入十四烷酸作为配体，这种方法合成出来的量子点材料与 PMMA 复合得到的薄膜表面具有很强的疏水性，很容易与基底分离，最终得到了面积为 50 cm×50 cm 的大面积量子点光学膜。由此可见，聚合物基质材料的一大优势在于容易进行制备工艺的放大，获得满足 On-surface 背光结构中应用的大面积量子点光学膜。

PMMA 作为一种光学材料，俗称有机玻璃，其透光率高达 92%，作为量子点材料的复合基质也能够实现大面积的光学膜制备，但是问题在于制备得到的光学薄膜透光率差，应用到 On-surface 型的背光结构中必然会降低背光模组的整体发光效率，造成这一问题的主要原因是量子点材料与聚合物基质的相容性差，在成膜过程中量子点材料不能均匀分散在聚合物基质中，量子点材料发生团聚进而在聚合物基质中形成较大颗粒，产生光散射现象。

量子点材料的表面调控以及量子点与聚合物之间的界面调控是制备高性能复合薄膜的重要手段。在聚合物基质选择的基础上，复合过程的控制是制备高性能的聚合物基量子点复合薄膜的关键，具体表现为如何提高复合薄膜中量子点与聚合物的兼容性，减少量子点材料的团聚，保证量子点的发光效率，同时降低量子点掺杂对聚合物基质材料透光性、柔韧性等性质的不良影响。如图 5-4b 所示，北京化工大学的梁瑞政等人将配体交换后形成

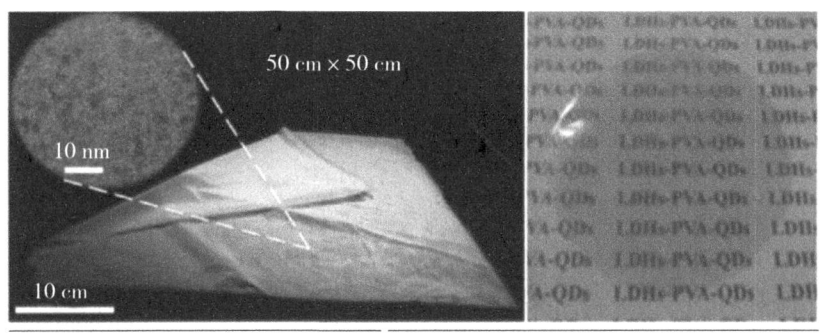

(a) InP/ZnS 量子点与 PMMA 基质复合得到的大面积量子点光学膜　　(b) CdSe/ZnS 量子点与 PVA 基质复合得到的透明量子点光学膜

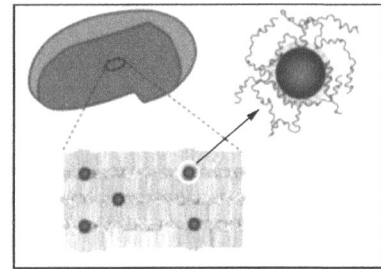
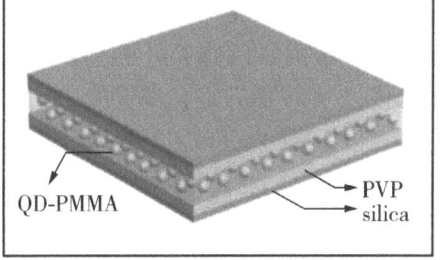

(c) CdSe/ZnS 量子点与氧化聚乙烯基质形成的复合材料结构示意　　(d) 量子点光学膜两侧的阻隔膜结构示意

图 5-4

的水溶性 CdSe/ZnS 量子点与 PVA 聚合物基质进行复合，通过引入层状的双氢氧化物（LDH），提高了量子点与聚合物基质之间的界面相容性，从而获得了具有高透明性的量子点光学膜。

在变化万千的聚合物材料中，嵌段共聚物的结构在复合材料中能够发挥很好的作用，一方面可以利用嵌段共聚物在溶剂中的自组装特性进行纳米材料的合成，另一方面可以通过嵌段共聚物实现对纳米材料的定向排列。合理利用嵌段共聚物的有序结构，将量子点材料嵌入其中，可以借此提高聚合物基质材料与量子点材料之间的兼容性，从而提升复合材料各方面性质，制备具有特殊发光、压电性质的多功能薄膜材料是目前乃至未来新材料的重要研究方向。

有时，巧妙地运用聚合物基质材料的特殊结构和性质与量子点材料进行复合，能够设计和制备一些新型的复合发光材料，一方面能够提高复合材料中量子点的浓度，另一方面可以提高复合材料的稳定性。如图 5-4c 所示，Park 等人采用氧化聚乙烯作为 CdSe/ZnS 量子点的聚合物基质，由于氧化聚乙烯的层状结晶结构可以充当天然的量子点阻隔层，可以有效地提升材料的稳定性。此外，朱敏等人采用氰基纤维素纳米纤维作为量子点的的聚合物基质，由于纳米纤维在纳米尺度下的相分离结构，使得量子点在 40% 的质量分数下，还具有很好的透光率。Bobrovsky 等人利用多孔结构的聚乙烯作为基质材料，将高浓度的 CdSe/ZnS 量子点稳定在基质材料中，起到保护作用。

除此之外，采用可交联的聚合物作为量子点基质也可以改善复合材料的稳定性，Vaidya 等人将发光波长为 550 nm 和 630 nm 的 CdSe/ZnS 混合量子点分散到交联聚合物中，降低了两种量子点材料之间的能量转移以及团聚现象，提高复合材料的发光质量和稳定性。

除了溶液加工工艺之外，紫外固化和热固化工艺在制备聚合物基量子点复合材料中也具有不可替代的作用。前面所述的基于无机材料基质的复合材料可以进一步与聚合物基质复合制备复合材料，因为基于无机材料基质的复合材料大多已经不具备在溶剂中的良好溶解性，所以紫外固化或者热固化的聚合物更有利于对上述复合材料进行二次加工，得到更加稳定的复合发光材料。陈威等人选用 SiO_2 先作为 CdSe/ZnS 量子点的无机材料基质，制备得到复合粉末材料，再将制备得到的复合粉末材料与热固化的硅胶树脂材料封装在一起，作为 LED 器件中的光转换层，从加速老化测试的结果可以看出，CdSe/ZnS 量子点与 SiO_2 形成的粉末材料与硅胶封装后表现出了很高的稳定性。

在上述复合发光薄膜的制备工艺基础上，复合发光薄膜的稳定性还可以通过结构的设计进一步得到提升和优化，从降低量子点材料受到外界环境的影响角度出发，通过复合薄膜的表面水氧阻隔技术，提升复合薄膜的应用稳定性。如图 5-4d 所示，JANG 等人在复合发光薄膜两侧附上一层 PVP 和 SiO_2 的复合材料，进一步降低了外界水氧与量子点材料接触的概率，增强了该复合薄膜在工作过程中的稳定性。Lien 等人在复合发光材料的两侧用 PET 材料进行保护，两侧的 PET 材料可以阻挡一部分的水氧进入中间的复合发光膜层，从而提高复合发光薄膜在使用中的稳定性。实际上，目前量子点电视中应用的量子点光学膜的制备技术中就包含了类似的水氧阻隔膜技术，只是相比而言，商业化的多层阻隔膜技术术对外界水氧的阻隔效果更加优异，可以保证量子点发光材料的稳定性。

在科学研究中，除了采用聚合物作为阻隔层之外，相比而言无机薄膜材料的致密性也是毋庸置疑的，WOO 等人先将量子点材料与硅胶树脂混合均匀制备得到量子点光学膜，然后再用原子层沉积技术在表面沉积不同厚度的 TiO_2 无机薄膜，实验结果表明，当沉积的 TiO_2 厚度达到 17.4 nm 时，制备得到的多层复合薄膜材料体系具有最高的稳定性。采用类似的方法，陈国华等人采用原子沉积技术在 CdSe/CdS/ZnS 多壳层的量子点材料表面先沉积 Al_2O_3 薄层，然后再用热固化的硅胶进行外封装，从而极大地提高了量子点的抗水氧性质，使复合材料的稳定性得到很大程度的改善。

由此可以看出，复合发光薄膜的表面水氧阻隔技术确实能够提升量子点光学膜在应用中的稳定性。由于多层水氧阻隔膜技术以及原子沉积的无机薄膜制备工艺相对复杂，因此成本比较高，这也是限制量子点光学膜规模化应用的主要因素之一。

除了外界环境中的水氧之外，热辐射对量子点光学膜的影响一方面会造成聚合物基质材料的老化，致使聚合物基质的光学、力学性质下降，另一方面量子点材料在持续的热辐射效应下会发生不可逆的热淬灭现象，致使材料本身的发光效率下降。因此，如何降低复合材料在使用过程中受到的热辐射影响也是提高材料热稳定的重要手段之一。除了从背光应用结构（On-edge 和 On-surface）的角度降低量子点光学膜受到的热辐射影响之外，从提高热传导性能的角度，同样能够降低热辐射对复合材料的不良影响。KIM 等人在聚合物基量子点复合材料两侧附上石墨烯薄层，可以极大地提升热量在表面的传导，使聚合物基质中的发光组分受到的热辐射效应大大降低。此外，将少量的石墨烯或碳纳米管材料引入聚合物基质中，也能极大地提升复合材料的热传导性，有望降低发光器件的热辐射效应对复合材料的影响。但是，这类具有高热传导的材料的引入会降低复合薄膜的透光性，因此导致应用前景受限。

在现有商业应用的 CdSe 以及 InP 体系的量子点光学膜制备技术中，首先经过高温合成、清洗提纯后得到高质量的量子点材料，然后经过表面处理提高与聚合物基质之间的相容性，最后将量子点与聚合物基质材料封装在两层阻隔膜中间，形成夹层结构，从而阻止外界环境中水和氧气对夹层中量子点材料的影响，具体制备流程可以参考相关的专利申请文件。如表 5-1 所示，该量子点光学膜的制备技术结合了前面提到的多种复合薄膜的优化制备方法，其中包括提升量子点材料与聚合物基质之间的兼容性，选用聚合物基质的紫外固化与热固化工艺，应用水氧阻隔膜技术等，多种手段的结合提高了量子点光学膜在应用中的稳定性，同时解决了量子点光学膜的大面积制备难题，但是由此也带来了制备工艺烦琐、成本高、产率低等问题，而且由于量子点材料与聚合物基质之间还存在相容性问题，制备的量子点光学膜透明性差，影响了背光模组的出光效率以及液晶显示器的亮度。

表 5-1　量子点光学膜的系列优化方法及其应用效果

	大面积	稳定性好	制备工艺简单	透明性高	发光效率高
基质选择	√	×	×	×	√
界面相容性	×	×	×	√	√
聚合物结构	×	√	×	×	√
阻隔膜技术	×	√	×	×	×

续表

	大面积	稳定性好	制备工艺简单	透明性高	发光效率高
商品化技术	√	√	×	×	√
原位聚合	×	×	×	√	×
原位生长	×	×	√	×	×
"原位制备技术"	√	×	√	√	√

在复合薄膜的加工工艺研究方面，采用静电纺丝技术制备得到的聚合物基量子点纳米纤维材料可以进一步通过相应的技术手段进行组装和排列，形成具有特殊光学性质的功能复合材料。但是，目前采用静电纺丝制备复合薄膜的用时比较长，制备的复合薄膜透光性较差，还不能满足应用的要求。

此外，聚合物的原位聚合和量子点的原位制备是两类非常重要的复合材料制备技术，两种方法都有利于实现量子点材料在聚合物基质中的均匀分散。在聚合物原位聚合工艺中，如图 5-5a 所示，张浩等人先把 CdTe 量子点材料表面的配体替换为能够聚合的 OVDAC 表面活性剂，然后采用 AIBN 作为引发剂进行原位聚合，最后获得了 CdTe/PS 或 CdTe/PMMA 的透明复合材料(表 5-1)。

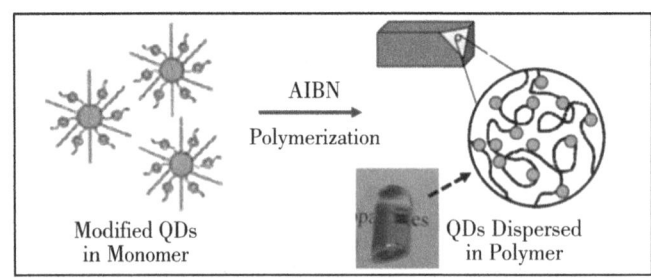

(a) 引发量子点表面的可聚合单体发生原位聚合反应，制备所需的聚合物基量子点复合材料

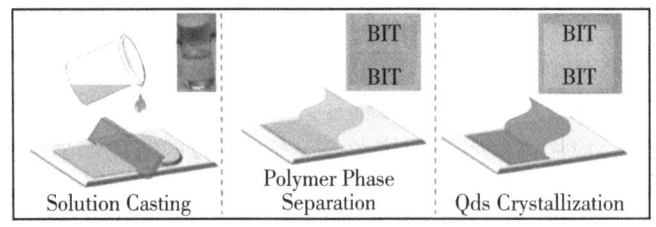

(b) 采用量子点在聚合物基质中原位形核与生长的方式来制备聚合物基量子点复合薄膜材料

图 5-5

在量子点的原位制备技术中，还可以先把能够反应生成量子点的前驱体原料分散到聚合物基质中，通过加热、紫外或者外界还原性气体引入等条件使得前驱体原料生长成为量子点材料。Lucclo 等人将 $Cd(SR)_2$ 前驱体分散到 PS 聚合物基质中，然后在 200℃ 下发生热分解形成 CdS 纳米晶，但是制备的复合材料发光效率低、透明性差(表 5-1)。

原位制备技术从理论上来说可以提高量子点材料与聚合物基质的复合效率，提高量子点材料在聚合物基质中的分散质量，获得高质量的量子点光学膜。但由于量子点材料受到聚合物原位聚合过程中产生的大量自由基的影响，易发生荧光淬灭现象，而且 CdSe 和 InP 类的量子点材料的原位形成需要在高温条件下进行，形核与生长过程不容易控制。

针对上述问题，本课题组发明了一种基于溶液加工工艺的钙钛矿量子点光学膜的"原位制备技术"。如图 5-5b 所示，钙钛矿量子点光学膜的"原位制备技术"主要分为 3 个阶段：①配制包含有聚偏氟乙烯（PVDF）基质、钙钛矿量子点反应组分和有机溶剂的前驱体成膜溶液，并涂覆到相应基底上；②将涂覆好的湿膜置于真空干燥箱中，随着有机溶剂的快速挥发，PVDF 基质结晶定型，呈无色透明状薄膜；③随着残余有机溶剂的进一步挥发，钙钛矿组分达到临界形核浓度，在预先结晶的 PVDF 基质的空间限域作用下，量子点完成原位形核与生长过程，得到的钙钛矿量子点光学膜具有高透明性（>85%）、高荧光量子产率（>90%）。

该"原位制备技术"工艺简单，容易进行工艺放大，图 5-6a 展示了通过工艺放大之后制备的大面积钙钛矿量子点光学膜，从表 5-1 中罗列的参数可以看出，钙钛矿量子点光学膜及其"原位制备技术"具有很高的综合性能表现。在此基础上，研究人员将大面积的钙钛矿量子点光学膜集成到 On-surface 型的背光结构中，如图 5-6b 所示，获得的背光源的色域为 124% NTSC，进一步地与液晶面板集成后得到的液晶显示器样机的最终色域为 105% NTSC，具体的显示效果如图 5-6c 所示，集成有钙钛矿量子点光学膜的液晶显示器样机显示的色彩更加饱和与艳丽（尤其是红色和绿色），初步展现出钙钛矿量子点光学膜及其"原位制备技术"在量子点背光技术中的应用优势。这种量子点光学膜及其"原位制备技术"的出现或将为量子点背光显示技术的发展提供更广阔的空间。

(a)"原位制备技术"制备的大面积钙钛矿量子点光学膜

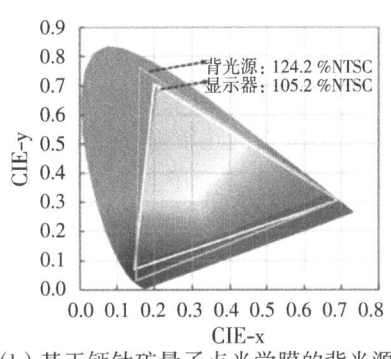

(b) 基于钙钛矿量子点光学膜的背光源和显示器样机在CIE色度图中的色域三角形

(c) 集成有钙钛矿量子点光学膜的显示器样机与苹果笔记本显示器的显示效果对比

图 5-6

5.4 小结

量子点电视的诞生引发了行业内的色彩科技革命，打破了量子点技术走向显示应用的世界难题。量子点电视使用色彩最纯净的量子点背光技术，革命性地实现了全色域显示，能够最真实地还原图像色彩。与 OLED 电视相比，量子点电视还具备以下四大优势：更宽广的色域显示、更精准的色彩控制、更长的使用寿命以及更强的节能性。由此可以看出量子点电视在显示行业中的巨大应用前景。但是，目前限制量子点电视大规模应用的致命因素还是其高昂的价格。当前商品化的量子点光学膜制备工艺烦琐、成品率低，能够批量化供应的企业很少，目前最为成熟的应该是 3M 公司生产供应的 QDEF 量子点光学膜，国内很多企业也都在开展相关的量子点光学膜技术的研发和生产。其中，阻隔膜和量子点材料是量子点光学膜制备中最为重要的两大组分，而目前关于比较成熟的 CdSe 量子点体系的合成方法以及阻隔膜的生产技术相关的核心专利主要掌握在外国公司手中，国内从事量子点以及光学膜生产的企业很难绕开专利的直接限制。

面对"量子点显示时代"，量子点背光技术已然成为当下研究最为火热也是最为成熟的一项应用型技术。除了目前已经成功商业化的基于 CdSe 和 InP 量子点体系的光学膜技术之外，近年来发展起来的 ABX_3 型钙钛矿量子点材料兼具半峰宽窄、发光效率高以及制备工艺简单的优点，完全满足制备新一代量子点光学膜的各项要求，是当下以及未来量子点背光技术发展的重要方向。简而言之，寻求更加简化的制备工艺制备具有更大面积、更高透明性、更高光效以及更高稳定性的量子点光学膜是实现量子点背光技术推广应用的关键技术难题。

此外，从量子点背光技术应用结构的源头出发，结合量子点材料的稳定性以及在三种背光应用方式中所需承受的热辐射和光辐射强弱，设计合成具有更高稳定性能的量子点材料，与此同时，进一步开展量子点材料与无机基质材料的复合，期望获得能够满足 On-chip 或 On-edge 型背光应用结构的高稳定性复合材料也是推动量子点背光技术向前发展的重要手段。

6 白光 OLED 背光源介绍

6.1 OLED 介绍与发展

有机电致发光显示，又称为 OLED，其发光原理和 LCD 类似，是指有机半导体材料与发光材料在电场的驱动下，通过载流子注入和复合而引起发光的现象。有关 OLED 技术最早可追溯至 20 世纪 50 年代，法国人 Bernanose 发现了有机电致发光的现象。而后自华裔科学家邓青云在 1987 年发明出首个基于双层有机材料结构的有机发光二极管以来，经历了 30 年的深入研究和投入，有机发光二极管相关技术得到了迅速发展，并且有望在未来几年内取代其他现有的照明显示技术。

勒克斯市场研究公司在《最新兴显示器市场预测》报告中指出，未来市场上主流的 3 种新型显示技术分别为：OLED 技术、量子点技术和反射式显示器技术。另外，研究人员综合了大量的数据，在这篇报告中预测截至 2027 年年底，全球显示技术市场规模将达到 1 664 亿美元，而其中大部分增长得益于 OLED 技术。毫无疑问，OLED 技术在未来的照明和显示领域中必定有着广阔的应用前景。

6.2 OLED 在显示和照明领域的应用

6.2.1 OLED 在显示领域的应用

伴随着显示技术的更新迭代，OLED 相较液晶显示（LCD）而言，在可实现柔性显示和自发光等多个方面有着天然的优势。具体而言，OLED 显示器的优点包括如下几个方面：OLED 终端产品结构更简单，这使得它的发光层可以做得非常薄，厚度相较于 LCD 减少 40% 以上；OLED 器件的驱动电压较低（< 10V），因而更加节能、省电；OLED 响应时间快，一般在 1 ms 以内；OLED 的工作温度范围为 -45 ℃ ~ 80 ℃，并且在该温度范围内 OLED 屏幕的显示效果不会受温度变化的影响。由于 OLED 拥有如此之多的突出优势，在现今成熟的面板制备工艺技术的推动下，OLED 正逐步取代 LCD 成为最佳的显示器产品。

有机发光显示按其驱动方式不同被划分为两类：一类是无源驱动型 OLED（PMOLED），通过行扫描实现图像显示；另一类是有源驱动型 OLED（AMOLED），使用薄膜晶体管阵列进行驱动。柔性 AMOLED 是有机发光显示器的主流发展方向，其具有厚度薄、可折叠、可卷曲等形态方面的优势，相较于刚性显示产品可给消费者提供更好的使用体验，从而受到越来越多高端便携型电子产品的青睐。

回顾平板显示的发展历史，各代显示器都在一定时期取得了相对应的成就，但也遭遇了自身的技术瓶颈。作为最早一代的主流显示器，CRT 在亮度、视角和响应速度等方面仍然可与现今主流显示技术相媲美。但 CRT 受其自身工作原理的制约，承担着厚重、功耗大等难以克服的缺陷，不能与当代主流便携式设备相兼容。在 CRT 发展受阻之后，LCD 显示技术在 20 世纪 70 年代走入人们的视线，它以轻薄和低功耗的优点大大促进了显示器产业化发展。到目前为止，LCD 在 FPD 中仍处于绝对的主流地位，现在流行的 TFT-LCD 显示器不仅可以用于大型显示器，如电视、台式电脑和户外显示器，而且还能适用于中小型便携式设备，如笔记本电脑、掌上电脑和移动手机。另外，TFT-LCD 在屏幕分辨率和视角上相比早期的 LCD 显示器也有所突破。然而，响应速度较慢、须采用背光源以及温度特性差等仍是 LCD 亟待解决的难题。PDP 和 LCD 是同期竞争的，因 PDP 具有亮度高、对比度高、宽视角的优势，使得它在显示市场上占有一定份额。然而，PDP 受到其工作原理和屏障结构的限制，无法实现降低功耗，也不能适配手机等小型尺寸设备。因此，在全球显示产业结构偏向于中小型显示器的背景下，PDP 的高价格以及自身的缺陷造成了产业链的断裂，导致其退出 FPD 市场。

表 6-1 各种显示器的性能参数对比

性能参数	CRT	TFT-LCD	PDP	OLED
分辨率	一般	佳	一般	佳
对比度	佳	佳	佳	最佳
响应时间	1 ns	1 ms	≤ 20 μs	≤ 10 μs
视角	佳	一般	佳	佳
驱动压力	1～30 kV	3～15 kV	120～300 kV	3～9 kV
功耗	一般	较大	较大	一般
工作温度	-20～70 ℃	0～50 ℃	-40～75 ℃	-40～80 ℃
厚度	很厚	约 8 nm	约 10 nm	约 2 nm
重量	最大	小	一般	很小
寿命	长	长	长	待提高

表 6-1 展示了各类显示器的性能参数，OLED 显示器的优势显而易见。但 OLED 显示器的器件寿命短暂，有待进一步提升，这也是未来优化 OLED 器件的重点突破方向。

6.2.2 白光 OLED 在照明领域的应用

除了在显示方面的应用潜力之外，在固态照明领域 OLED 技术也具有得天独厚的优势。在主流电器的照明光源中，就灯具形态而言，荧光灯管属于线性光源，LED 灯泡属于点光源范畴；从灯具的使用情况来看，荧光灯通常用在室内外的普通照明，LED 除上述应用外，还可以用作室外的装饰照明、交通信号指示灯以及车灯等。然而与它们相比，白光 OLED(WOLED) 是一种平面发光的照明光源，它有着更易实现白光、超薄光源和可实现任意形态照明光源等优势，同时它的功耗极低，顺应了高效节能的概念。

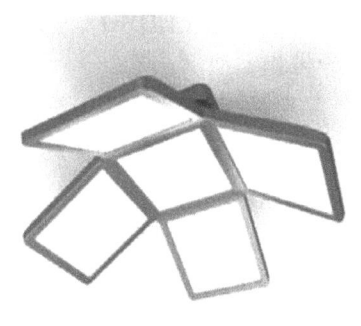 

图 6-1 白光 OLED 电器在照明领域的应用

如图 6-1 所示,在照明领域中白光 OLED 不仅可用作室内任意形态照明光源以及装饰光源,甚至还可以制备成富有艺术性的柔性发光墙纸这类梦幻般的产品。如今随着材料、工艺、生产设备等瓶颈问题的攻克和良品率的提升,未来价格不再高昂的 OLED 照明产品将走入千家万户。如图 6-2 所示,OLED 照明器件的产业化发展表现出了广阔的前景和巨大的潜力。

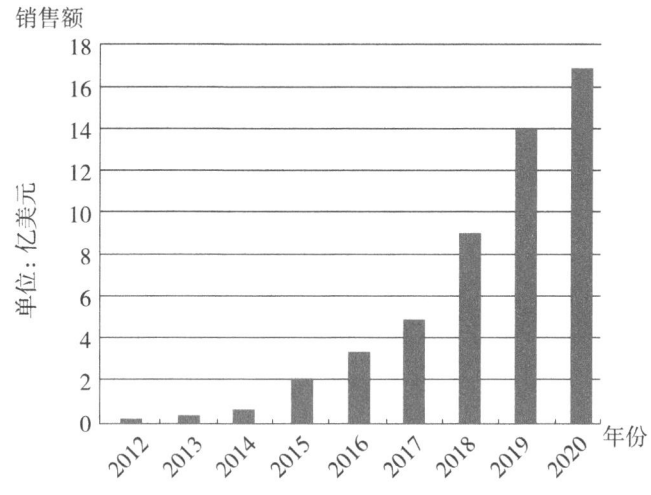

图 6-2 OLED 照明产品的销售额

6.3 OLED 相关理论基础

6.3.1 有机半导体材料的发光原理

对于无机半导体材料而言,其发光行为可以通过能带理论来进行解释。但是大量的实验现象证明,该理论对有机半导体材料的电子行为和发光过程也能进行诠释。现在大多数 OLED 器件中,发光材料以采用有机半导体材料为主。与无机半导体材料不同的是,有机半导体材料内部分子之间的相互作用力非常弱,且以范德华力为主,所以在有机半导体材料中不能像无机半导体材料那样形成连续的导带、禁带以及价带。但是从另一个角度——

分子轨道理论来看，有机半导体材料中的最高占有分子轨道（HOMO）、最低未占有分子轨道（LUMO），却又分别与无机半导体的价带和导带相类似。

有机半导体材料的发光原理如图6-3所示。一般情况下，有机分子处于基态。但一旦有机材料中的有机分子吸收到一定振动频率的光子时，有机分子HOMO轨道上的电子立即克服能级差，而后跃升至更高的能级，同时该时刻的有机分子也会从基态变为激发态。通常，处于激发态的电子将通过内部转换或振动快速返回到激发态的最低能级，即LUMO能级（S_1）。处于LUMO能级的电子再通过辐射跃迁回到基态（S_0）并发出荧光。发射荧光的波长取决于LUMO和HOMO能级之间的差值，即带隙Eg。其中发光波长：$\lambda = 1240/Eg$。如果处于激发态的电子穿过能隙，就可以达到三重态能级（T_1），然后通过辐射衰变从T_1能级回到基态并发出磷光，发出磷光的波长取决于三重态能级T_1的大小。其中发光波长：$\lambda = 1240/T_1$。当然，有一部分处于激发态的电子通过内部转换、外部转换等非辐射退激发回到基态，这部分电子对光的发射没有贡献。这些过程类似于无机半导体材料的发光。

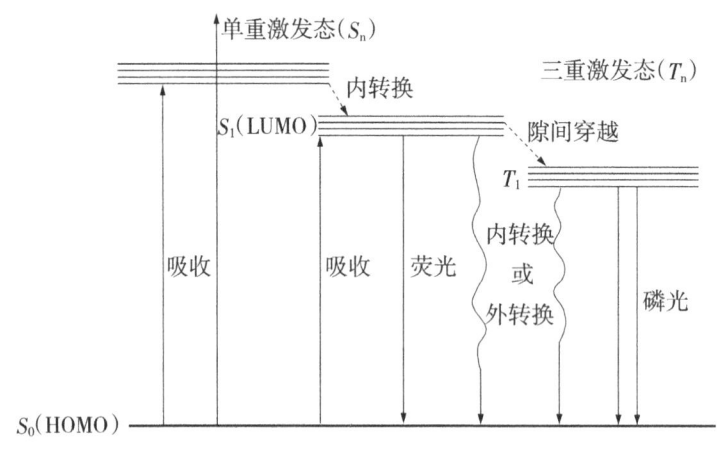

图6-3 有机半导体材料发光原理

6.3.2 有机半导体中的激子

在半导体材料中，处于基态的电子被激发并跳跃到更高的能级，此时有机分子将从基态变为激发态。激发态下能量较高的电子和材料中的空穴形成一定的约束关系，称这种具有更高能量的电子和与之相互结合的空穴形成的电子-空穴对为激子。根据电子与空穴之间的距离和相互作用力的强度，我们将激子分为三大类：Frenkel激子、Wannier激子和电荷转移激子。这3种类型的激子在这里不作深入讨论。

6.3.3 荧光与磷光

荧光和磷光都是由辐射跃迁过程产生的，跃迁的最终状态是基态，两者的区别在于前者从单激发态开始跃迁，而后者跃迁的始态是三重激发态。图6-4a是单个荧光发射过程的示意图，分子从基态变成激发态（10^{-15} s）。根据Franck-Condon原理，处于激发态（S_1）的电子在一定的振动能级上很快通过内部转换或振动弛豫损失一些能量，并到达S_1的最低振态能级,振动弛豫时间小于 10^{-12} s。由于单重激发态荧光辐射跃迁的寿命通常在 10^{-8} s 的数量级,大于振动弛豫时间,因此荧光辐射跃迁的始态几乎总是 S_1 的最低振动态,即 LUMO 能级。除了振动弛豫,图 6-4a 中的无辐射发光跃迁也有一个内部跃迁过程。与振动弛豫的不同之处在于,内部跃迁是激发态分子通过无辐射跃迁耗散能量回落到基态的过程,为态间转换过程,与荧光同属于单重激发态的失活过程,时间大约为 10^{-12} s。因此,荧光发射和内转换是相互竞争的。

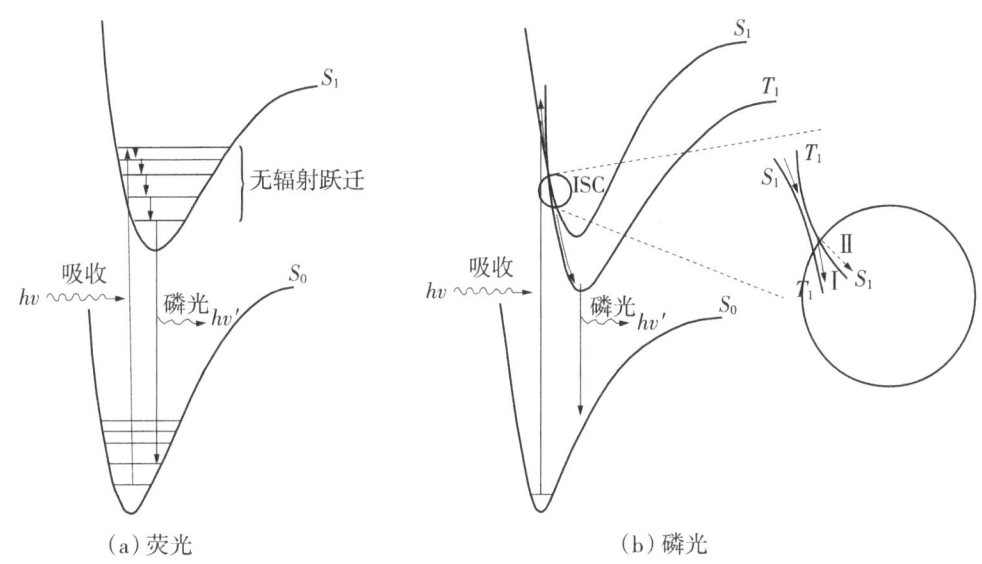

(a)荧光　　　　　　　　　　(b)磷光

图 6-4　荧光和磷光发射示意

磷光是从三重激发态向基态辐射跃迁产生的,受自旋因子限制,它的寿命很长,通常超过微秒,甚至可达到秒的量级。图 6-4b 展示了磷光发射过程的示意图:有机分子吸收光后,激发进入 S_1 态。接着发生振动弛豫,因为 S_1 态与 T_1 态有所交叠,所以在两个势能面相交之处必定可以通过两条路径弛豫,如图 6-4 中放大部分所示。若 S_1 态与 T_1 态耦合较好,则势能面将会出现"避免交叉"的情况,此时分子会由 S_1 态向 T_1 态转变,且最后达到 T_1 态最低振动态。如果两种状态之间的耦合很小,大多数分子仍将在 S_1 状态内弛豫,并最终在荧光或内部跃迁过程中失活回到基态。

从分子退激发的角度来看,磷光与荧光是相互竞争的,但由于分子在室温下特别是在溶液中很容易振动,并且振动弛豫过程非常快,大多数分子都通过振动弛豫到达 S_1 态的底部,因此荧光很容易观察到,而磷光很难观察到。只有在固体或者低温玻璃态中,随着振动弛豫受限,隙间穿越所占的比例提高,从而更容易观察到磷光发射。

6.4　OLED 的工作原理与器件构成

6.4.1　OLED 的工作原理

OLED 是一种空穴与电子双注入型电致发光器件,它可以把电能转换成有机半导体材料的光能。最简单的 OLED 结构为三明治结构，也就是阳极与阴极夹在有机功能层之间。通常情况下，基本的有机功能层由两侧至中间依次包括：空穴与电子注入层、空穴与电子传输层以及发光层。近年来，研究人员通过在传统的夹层结构中引入间隔层和电荷产生层等新型有机功能材料，以此对 OLED 器件结构进行了大量的优化研究。OLED 基本器件结构、材料能级和电致发光过程如图 6-5 所示，其由 5 个基本物理过程组成。

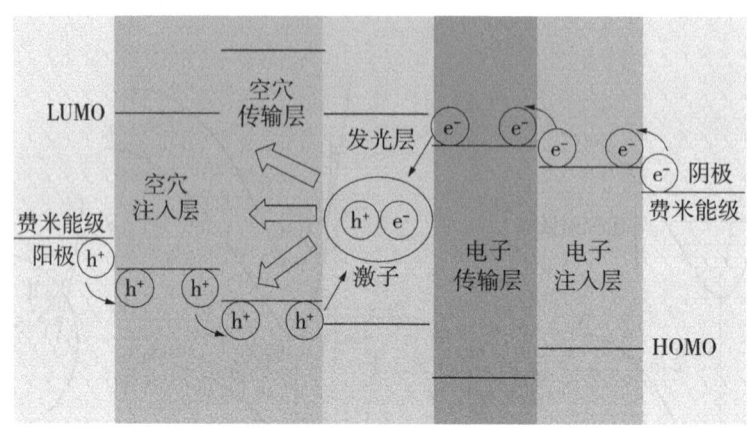

图 6-5　OLED 器件结构和电致发光示意

（1）载流子注入：当 OLED 连接到正电压并由外加电场驱动时，空穴与电子在阳极与阴极费米能级上分别通过界面势垒，注入有机功能层材料的最高占据分子轨道（HOMO）能级和最低占据分子轨道（LUMO）能级。具体而言，载流子从电极注入有机功能层的机制包括 Parker 隧穿注入、Schottky 热电子发射注入和热电子场发射注入。

（2）载流子传输：位于有机功能层内部的相邻分子，由于电子云的交叠存在，载流子会在它们之间进行跳跃式传输；空穴依次在空穴注入和传输层材料的 HOMO 能级上"跳跃式"传输；电子依次在电子注入和传输层材料的 LUMO 能级上"跳跃式"传输。最终，空穴和电子通过跃迁或者隧穿的方式越过界面势垒，从传输层注入发光层。

（3）载流子复合形成激子：将空穴和电子注入发光层后，在同一分子或相邻分子上被库仑力吸引而相互俘获、复合，形成束缚态的电子-空穴对，即为激子。其能量小于发光材料的 HOMO 和 LUMO 能级之差。

（4）激子扩散和能量传递：但是载流子注入与传输完全平衡的状态是一种理论上的理想状态。在有机发光二极管的实际工作状态下，载流子复合所产生的激子，其主体部分并不能完全覆盖整面发光层。而是表现出了激子浓度的梯度分布，从而导致激子因浓度差产生扩散现象。激子的扩散过程有诸多益处，如避免激子过度堆积，扩大激子复合区面积，减轻激子因浓度过大产生能量传递进而发生浓度猝灭效应。然而，因为三线态激子的寿命一般较长，所以它们将经历较长的扩散过程，这将不可避免地导致能量损失，例如三线态激子相互作用产生湮灭。同时，三线态激子扩散有较大概率会使其注入邻近的有机功能层，因为相邻的功能层一般为传统的荧光材料，无法通过三线态的激子实现发光，所以最终该部分激子将以发热这种非辐射复合方式损失掉。这为优化 OLED 器件结构提供了方向，我们可以通过引入激子阻挡层，将激子限制在发光层中以提高激子的辐射复合效率。

Forster 和 Dexter 机制为激子能量在分子间传递提供了依据。如图 6-6 所示,在 Forste 能量传递的情况下,状态为激发态的给体分子释放出光子,而后跃迁回基态。在同一时刻,位于基态的受体分子反而吸收光子,跃迁至激发态;在 Dexter 能量传递过程中,给体与受体分子距离较近,进而造成电子云的相互重叠,给体分子中电子、空穴向受体分子直接转移,以此达到能量传递的目的。这两种能量转移的相似之处在于,决定能量传递的速率与概率的因素为给体分子的发光光谱和受体分子的吸收光谱之间的重叠程度。两者也有不同之处,Forster 能量传递是一种虚光子介质的发射与吸收的过程,故传递半径大,在 10 nm 附近。Dexter 能量传递要求相邻给体与受体分子之间电子云重叠,因而传递半径很小,通常在 2 nm 以内。Forster 能量传递过程中只有单线态激子通过吸收光子的方式被激发,所以其传递路径仅包括单线态到单线态激子和三线态到单线态激子。同时,由于在迁移过程中电子的自旋量子数往往保持恒定,因此,仅有单线态-单线态或三线态-三线态激子之间发生 Dexter 能量传递。

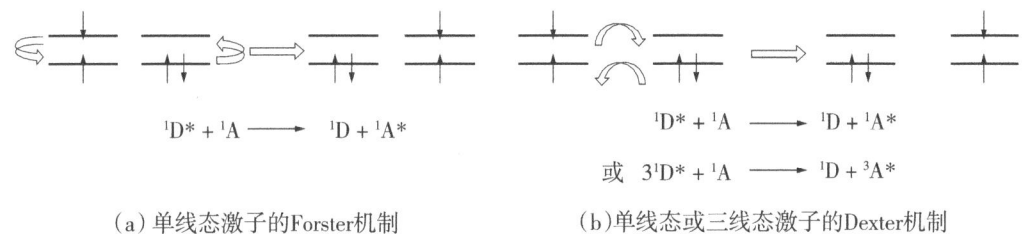

(a) 单线态激子的 Forster 机制　　　　(b) 单线态或三线态激子的 Dexter 机制

图 6-6　激子能量传递示意

(5) 激子辐射复合:当激子在非稳定束缚态时,可以通过发热这一非辐射退激发方式耗能,或者以辐射复合退激发方式释放光子。通过后者辐射复合的方式,单、三线态激子分别释放出荧光以及磷光。但观察到荧光或磷光的环境条件要求不同:在常温液态的情况下,分子的振动弛豫过程容易迅速发生,此时荧光现象易被观察到。在低温凝聚态,分子的振动弛豫过程将大幅受到抑制,此时系间窜越(ISC)的概率提高,磷光较为容易被观察到。

6.4.2　OLED 的器件构成

自 1987 年,美国柯达公司的 Tang 采用真空热气相沉积技术,以透明导电薄膜 ITO 为阳极,低功函数 Mg-Ag 合金为阴极,制备了具有层状结构的绿色有机发光二极管器件以来。在接下来的数十年里,有机发光二极管得到迅速发展,各种各样的有机发光二极管器件结构相继被报道。但 OLED 器件的主要结构依旧为三明治结构,即可以根据器件中有机层的数量不同,将 OLED 器件简单地分为单层的 OLED 器件、双层的 OLED 器件、三层的 OLED 器件及多层的 OLED 器件。

6.5　OLED 的瓶颈问题

尽管 OLED 产业化发展表现出广阔的前景和巨大的潜力,但 OLED 产品推广之路还存在着亟待解决的瓶颈问题，主要包括以下两方面。

（1）产品定价过高。大中型OLED显示器和照明产品的高价格是由技术垄断和高生产成本造成的，这是限制它们进行市场推广的主要原因。一方面是高效率、高良品率OLED大尺寸面板生产线构建技术为少数几家厂商所垄断，缺乏竞争，对产品降价推广不利。另一方面制备工艺又是生产成本中至关重要的环节。尽管以热蒸镀成膜工艺为核心的全自动生产线已经发展成熟，然而，热蒸镀法在OLED低成本制备工艺中不具有代表性。因为若使用普通设备通过热蒸镀成膜工艺来实现各种发光材料的掺杂，操作复杂、可重复性低，所以为了提高操作精度，只能使用精密设备，这将进一步增加生产成本。

（2）器件寿命。不管是红、绿、蓝三原色，抑或是黄蓝、橙蓝三色互补色的WOLED，蓝色发光材料均不可或缺。但由于高效、稳定蓝色磷光材料制备工艺的缺乏，以及三原色或互补色的发光材料老化时间不一致，使得WOLED器件寿命达不到商品实用化的标准。此外，若器件的封装层不能有效阻隔水蒸气和氧气的入侵，随着OLED器件使用时间的推移，发光区域会出现黑点，并不断扩大，直至覆盖整片发光区域。同时在电极部分可能会产生小气泡，这些小气泡随着时间的推移逐渐增大并融合成大气泡，造成电极脱离。水氧渗透使器件老化加快，大大缩短了器件寿命。

6.6 OLED背光源技术

6.6.1 背光源技术介绍

液晶显示器件（LCD）为被动式平板显示器件，因液晶材料自身不具有发光特性，所以须在LCD面板后面加一个发光源，以此实现平板显示效果。背光源模块，即是为LCD显示器提供背面光源的关键部件。优秀的LCD器件背光源模块通常具备亮度大、发光均匀、功耗小、体积轻薄、不易损坏等诸多特点，并且最好为面光源。

6.6.2 OLED背光源

OLED背光源是集低电压、高亮度、耐冲压、广色域、低功耗和轻薄等多种优良特性于一体的反射式二维面光源，它的阴极金属层为高反射率镜面反射层，所以OLED背光源无需导光板、散光板等导光、匀光辅助光学配件，也能直接把来自光发射层的光线反射给LCD，完美符合LCD对于背光源模块的需求。

有关OLED背光源的研究虽然只有短短数十年，但科学家们通过不断优化OLED器件使得OLED背光源技术取得了长足的发展。经过近年来的不断研究，OLED背光源在寿命和光效上都已经攻克了早期难题，已步入试验性的运用阶段，全球很多相关厂商已经着手研发用于LCD的OLED背光源。

6.6.3 OLED背光源关键技术

OLED作为一种有机面光源，通常情况下采用低成本真空蒸镀、旋转涂布以及喷墨打印等技术制备。大面积制程更加简单，制造成本更加低廉，所以OLED在新时代液晶显示器背光源中逐渐获得了主导地位。下面来介绍 OLED 背光源的关键技术。

1. 大面积面板式或点阵式 OLED 制备

在 OLED 背光源制备过程中，通常采用真空热蒸镀法或喷墨印刷、旋转涂布法技术沉积有机薄膜。但是 OLED 膜厚一般仅为 100 nm 上下，通过以上方法得到的有机膜易产生不致密、不连续等缺陷，要实现大面积 OLED 的均匀发光极为困难。因此，如何让面光源在大面积范围内实现均匀发光，将成为利用 OLED 背光源制备 LCD 首要解决的难题。目前，大面积 OLED 背光源器件的制备一般采用 2 种途径：①整面式发光，②点阵式发光。

当前用于 LCD 的 OLED 背光源模块多数采取整面式的发光方式。但由于 OLED 自身为电流注入型器件，并且 OLED 器件的阳极一般采用电阻较大的透明电极 ITO，这就会导致在大面积光源屏体中电流呈现不均匀分布的现象，进而拉低整面屏体的发光均匀性，影响 OLED 背光源自身发光稳定性和 LCD 显示效果。此外，由于整面式发光 OLED 背光源在液晶显示期间始终位于发光的状态，这样必然会造成 OLED 背光源的耗电量相对较高。

点阵式发光是指通过制备出许多彼此缝隙非常小的微小发光点，让这些小发光点在同一时刻一起发光，以此实现整面发光。相关研究表明：有效发光面积相同的点阵式发光器件的发光总体性能比整面式高出一截，但是目前该制备方案的实施以及制造工艺难度较大。

2. 依靠喷墨式印刷技术制备大面积 OLED

旋转涂布(spin-coating)技术是 PLED 溶液涂膜制备中最为常用的一种工艺，它的制作程序虽迅速、简便，但局限性较大。例如存在膜厚不均匀，不能实现 RGB 在面板中精准定位等问题。但是随着美国亚利桑那大学的 Jabbour 教授发明了 Screen printing 技术，现已能成功地研制出全彩 PLED 显示器喷墨打印(ink-jet printing, IJP)薄膜的制备工艺。

采用 PLED 喷墨打印的制造装置，利用发光材料的共混技术，使用实时控温技术，调节打印溶液的挥发速率到理想状态，然后对打印薄膜均匀性进行调整，以此实现打印溶液高速、稳定输出，最终顺利地在大面积基板上实现稳定连续地打印高分子溶液，制备出均匀的大面积 OLED 背光源面板。我国在该方向有着显著的成绩，华南理工大学曹镛团队采用导电银胶代替金属阴极，在国际上首创全印刷技术制备 OLED 面板。

3. 偏极化的 OLED 技术

一般在液晶显示模组中，会有两张偏光片分别贴在玻璃基板两侧，下偏光片用于将背光源产生的光束转换为偏振光，上偏光片用于解析经液晶电调制后的偏振光，产生明暗对比，从而产生显示画面。但如果能研究出具有偏极化特性的 OLED 材料及制程技术，就可在代替 LCD 的背光源的同时省去下偏光片的使用。因此在 LCD 背光应用中，偏光 PLED 器件可以获得较低功耗和较高亮度，同时可以减少偏振片数量、简化制造程序，降低成本。此外制程简单、易于量产、易于大面积化也是高分子 OLED(PLED)的优势。由此可见，若将其应用于 LCD 背光源照明中，发展前景令人期待。

在目前的 OLED 市场上，大多数 OLED 是由小分子材料制成的，高分子 OLED 很少。但在偏振发光薄膜研究方面，有关小分子的偏振研究却很少见。PLED 的聚合物分子在发射层中的排列是不规则的，但如果聚合物分子链在某一特定方向上以某种特殊方式排列，并且使发射层具有二色性,就可以在这个方向上获得线偏振光发射。要达到偏振发光有多种途径,包括机械拉伸法、摩擦转移法和分子自组装法。国际上对偏振 PLED 的研究也不是很深入,多集中于摩擦定向法,但这种方法在一定程度上会给定向层带来机械损伤。

4. OLED 与 LCD 匹配技术

因为 OLED 背光源器件是采用电流驱动的自发光体,所以通常小尺寸 OLED 需要一组正电压(V_{dd})以及一组负电压(V_{ss})来提供电源。而像手机这类小尺寸 OLED 的电源规格是:V_{dd} 电压大约为 2.5 V,V_{ss} 电压范围为 $-10 \sim -7$ V。这两款产品输入电源一般都是一节锂电池,电压范围大约在 $3 \sim 4.2$ V 之间。因此,若需要对制备出的 OLED 背光源器件和 LCD 屏进行良好配合,设计背光源供电的解决方案显得非常必要。奥地利微电子发布的 DC/DC 升压转换器 AS1343,可以通过低压输入在 LCD 或者 OLED 显示器上生成偏压,然后对单节电池供电应用进行总体性能优化,这样就较好地解决了背光源的供电问题。

6.6.4　OLED 背光源技术展望

自 2012 年以来,OLED 背光源技术有了众多突破,它的发光效率、使用寿命等各项性能指标都取得了稳步的提高,现在已经有一些 OLED 厂商开始向小尺寸 LCD 面板手机厂商供应 OLED 背光源模块,但是离大规模的应用还有一定距离,比如 OLED 的发光效率、使用寿命及稳定性仍有待改善。然而,不可否认的是,OLED 背光源技术目前在 LCD 背光模块和固态照明应用中的表现已经超过了 LED。相较于 LED 的点光源,OLED 还具有白光材料的多样性、制程简单性和成本低廉性等优势,特别是其面光源的独特属性。可以预见,在未来的液晶显示器背光源模块应用领域中,OLED 背光源将拥有更广阔的行业前景。

6.7　白光 OLED 介绍

白光 OLED(white OLED,WOLED)技术作为一种主流的 OLED 技术实现形式,一直以来都是科研界与产业界的焦点。近年来,由于其具有低能耗、高效率等特点而吸引到越来越多的关注。WOLED 技术可用作平面显示背光源,也可作为照明器件使用,因此被认为是有机电致发光研究领域一个新的增长点。1994 年日本山形大学教授 Kido 用 PVK 掺杂蓝色和绿色、橙色发光材料,首次成功完成白光器件的制备,尽管它的最大亮度仅为 3 400 cd/m^2,功率效率同样也仅为 0.83 lm·W。但是该项实验的成功,代表了 OLED 的应用从显示拓展到白光照明领域,成为 OLED 发展史上的里程碑,自此开启了 WOLED 的研究之路。

历经 20 余年的发展,现如今 WOLED 的研究稳步前进,性能优异的 OLED 发光材料层出不穷,器件效率、寿命也在不断提高。现在的 WOLED 功率效率已经突破了 100 lm/W,远远超过传统荧光灯的功率效率,在照明以及显示等多个方面具有良好的发展前景。

6.8　白光 OLED 的应用

WOLED 主要可以应用于 LCD 背光源和固态照明这两个领域。

1. LCD 背光源领域

白光 OLED 因其厚度薄且具有较高亮度，所以可以用于 LCD 背光单元。它的制造工艺简单，不需要任何复杂的图案形成工艺，被广泛使用于 LCD 背光源模块。此外，与 CCFL 的线光源或 LED 的点光源相比，作为面光源的白光 OLED 具有优异的亮度均匀性。由于不需要导光板、棱镜片等，因此可以减少部件的数量。

一般情况下，若用于移动应用的小型液晶显示器，则 OLED 背光源的亮度要求为 2 000 cd/m^2；而若用于如电视等大型液晶显示器，它的背光的亮度要求要为 10 000 cd/m^2。由于有限的空间和厚度，现有的 CCFL 很难用于像手机这类小尺寸液晶显示器。而大尺寸液晶电视则需要大量的 CCFL 和逆变器，由此造成液晶电视的成本增加。此外，由于 CCFLs 的颜色再现性，使液晶电视的颜色再现性受到限制。而且因为每个 LED 产生的光通量是有限的，所以需要数十或数百个 LED 才能构建大尺寸液晶电视的背光。但如果背光源采用白光 OLED，那么即使在低电压下，也可以构建出高亮度的区域光源。

2. 固态照明领域

根据 QYR 公司的统计及预测，2021 年全球普通照明市场销售额达到了 319.8 亿美元，包括荷兰的飞利浦和美国的通用电气在内的跨国公司在世界照明市场上占有很大的份额。随着可再生能源的不断减少和石油价格的上涨，以 WOLED 为照明光源的先进照明设备有望成为既能满足环境友好型产业结构又能满足高功率效率的技术。为了开发 WOLED 照明光源，美国、欧洲和日本政府正在为 WOLED 技术研究投入大量资金。

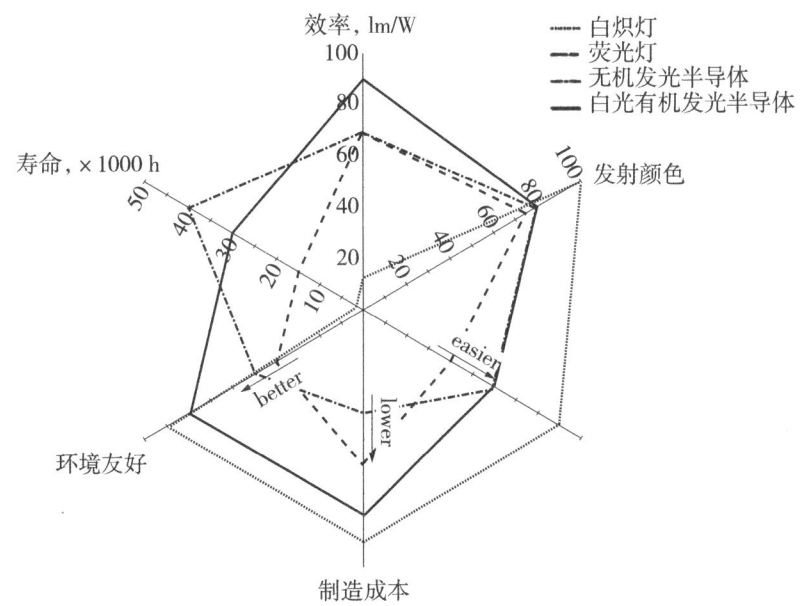

图 6-7 WOLED 作为照明光源和传统的白炽灯、荧光灯管及 LED 照明光源对比

在 2011 年期间，Klaus 在 *Adv. Mater* 杂志上发表了一篇文章。该文章对 WOLED 作为照明光源与传统白炽灯、荧光灯管和 LED 照明光源的一些核心参数做了详细的比较，这些参数主要包括发光效率、发光颜色（CRI）、器件寿命、制造成本、驱动和环境影响 6

个方面。如图6-7所示。与荧光灯管和无机发光二极管相比,WOLED在器件效率、发光颜色、制备成本、驱动和环境影响5个性能参数上表现出良好的优势。此外,随着WOLED技术的进一步发展,制备成本、器件寿命、驱动等性能参数都有更大的优化空间。另外WOLED是一种面光源,可以做得很薄、很轻,将改变人们对现有照明灯具的设计理念。基于这些优势,WOLED将成为下一代照明光源最具竞争力的候选者,有着潜在的应用前景。

6.9 白光OLED器件的性能参数

评价WOLED的性能参数主要包括以下7个方面。

1. 发光亮度

发光亮度是指发光体的光强与光源面积之比,是一个描述发光面亮度分布情况以及与照明舒适性密切相关的光学参数。其单位为坎德拉每平方米（cd/m^2）。由于OLED发光近似于余弦分布,因此在OLED中,其器件亮度为一个不受方向影响的常量。所以在白光OLED器件亮度测量中,只需测它在垂直方向上的亮度即可。

一般作为照明光源,白光OLED的工作亮度被要求在3 000～5 000 cd/m^2,实际上,按照照明场合的不同,对于它在工作中的亮度需求也会随之变化。

2. 发光效率

在OLED中,量子效率、电流效率和功率效率通常被用于评估器件的发光效率。其中,量子效率进一步分为两种类型,内部量子效率（IQE）和外部量子效率（EQE）,单位为%。内部量子效率定义为器件发光层中激子辐射发光产生的光子数（N_{int}）与注入器件的电子数（N_e）之比。外部量子效率是指在观察方向上,器件发光层内激子辐射产生的光耦合输出到器件表面光子数（N_{ext}）与注入器件中的电子数目（N_e）的比值。可以表示为：

$$IQE = N_{int}/N_e \qquad (6-1)$$

$$EQE = N_{ext}/N_e \qquad (6-2)$$

IQE与EQE之间的关系可用以下公式表示：

$$EQE = IQE \cdot \eta_e \qquad (6-3)$$

式中,η_e表示为器件的光耦合输出系数。在普通的OLED器件中,因为波导模式和外部模式的存在,只有大约五分之一的内部产生的光被耦合到器件外部,所以η_e总是小于1,由此可知器件外部量子效率远远小于内部量子效率。因此,若要提高器件的外部量子效率,我们只需想方设法地增大器件光耦合输出系数η_e。

电流效率又称流明效率（luminance efficiency）,用η_L表示,定义为器件亮度和电流密度之比,以cd/A表示。它是指在单位电流密度下器件所发射出光的亮度,可以表示为：

$$\eta_L = L/J \qquad (6-4)$$

式中,L表示为器件发光亮度;J则代表器件的电流密度。

功率效率用η_p表示,是指在单位能量的电能下器件发射出的光功率,单位为lm/W。可以表示为：

$$\eta_{\mathrm{p}} = \pi L / JV \qquad (6-5)$$

式中，L 为器件的发光亮度；J 代表器件的电流密度；V 是器件的工作电压。

3. 发光光谱

发光光谱是指器件经过光或电激发后所发射出光的相对强度与波长的对应关系。根据激发源的不同，可以分为光致发光（PL）光谱和电致发光（EL）光谱。PL 光谱是通过光激发产生的，而 EL 光谱是电激发得到的。其中 PL 光谱与紫外吸收光谱结合在一起可用于研究 OLED 主客体材料的能量传递特性，此外 PL 光谱还可用于在制备器件前筛选互补光发光材料。通过对有机发光材料 PL 光谱与 EL 光谱的比较，我们可以对发光材料真实特性有更加深入的认识。OLED 器件中载流子复合区域通常会随着电压的增加发生改变，通过对不同电压 EL 光谱进行比较，能准确地把握器件载流子复合区域，对器件发光机理有更加深入的认识。因此发光光谱对于器件的结构设计和研究器件发光机理等方面具有重要的指导意义。

4. 色坐标

色坐标，又称为 CIE 坐标。现在常用的色坐标为 CIE 1931 坐标图，是国际照明委员会在 1931 年制定的一套完整的颜色定义标准。其形状呈马蹄形，如图 6-8 所示。CIE 坐标图包含所有颜色的光，并且它们都一一对应于色坐标上的 (x, y) 坐标。马蹄形边界处的光是单色的，对应于可见光范围内的所有波段的光。马蹄形内的点是合成光。其中红色、绿色和蓝色是合成色坐标图的 3 种基本的颜色，这意味着色坐标中的任何一种颜色都可以由这 3 种颜色以不同的比例合成。马蹄形中心附近的弧线是黑体辐射曲线，称为普朗克轨迹，对应于 1 000～20 000 K 的色温范围，而大多数传统光源相对于黑体的色温范围为 2 850～6 500 K。对于一般光源而言，CIE 坐标要求尽可能接近等能量点 (0.333, 0.333)。

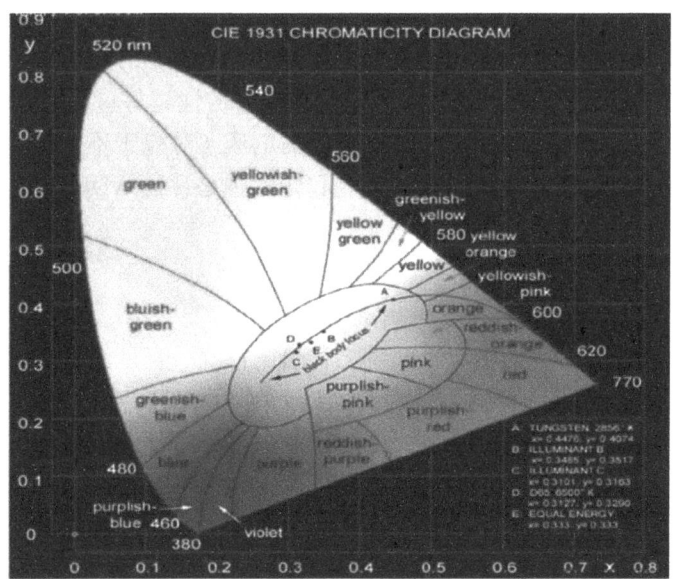

图 6-8 CIE 坐标图

5. 色温与相关色温

在加热标准黑体的过程中，随着温度的变化，黑体会发出不同颜色的光。当在某一温度下，光源与黑体辐射颜色表现出一致性，此时称这个绝对温度为该光源的色温。单位是热力学温度 K。同时当黑体被加热到一定温度时，随着黑体温度的升高，黑体发出的光的颜色从深红色、浅红色、橙色、白色至蓝色逐渐变化，恰恰对应于 CIE 1931 色坐标图上形成的一个弧线轨迹，如图 6-8 所示，我们称为黑体轨迹或普朗克曲线。因为一些光源的色坐标并不完全落在普朗克曲线上，所以这些光源的色温只能通过使用最接近黑体轨迹的光源颜色来确定，我们称之为光源的相关色温（CCT）。当光谱上长波段的光发射很强时，光源的色温会偏低，如果测得 CCT 小于 5 000 K，通常称之为暖光；当短波段的蓝光发射很强时，光源的色温会偏高，如果此时测得 CCT 大于 6 000 K，通常称为冷光。对照明光源而言，我们能用 CCT 定量地测量光源质量，当 CCT 温度分布在 2 500～6 500 K 时，称为高品质光源。

6. 显色指数

显色指数（CRI）是根据光源对其照射下的物体呈现本质颜色的程度所作出的定义。一般定义太阳光和白炽灯显色指数为 100，这意味着物体在太阳光或白炽灯下能够呈现出其本质的颜色。显色指数分布区域在 0～100 之间，取值越大，表现为它的显色性愈高。当某种光的 CRI 低于 100 时，被它照射到的材料会表现出背离物体本质的色彩，CRI 值越低，物质偏离本质的色彩越是严重，所呈现的色彩越失真。

7. 色稳定性

色稳定性不像 CIE 或 CRI 这类参数有着明确正式的定义，但色稳定性在科研论文和实际应用中已经被广泛使用，主要是指 OLED 的发光光谱或色坐标随着驱动电压或亮度的增加所产生的偏移，对驱动电压和亮度的大小没有特定的限制。然而，对于 WOLED 而言，驱动电压范围至少是与应用于照明中的 WOLED 的亮度范围相对应的电压。在该电压范围内考查光谱或色坐标随电压的偏移，偏移越小，色稳定性越好；偏移越大，色稳定性越差。无论 WOLED 是用于照明还是显色，在不同的电压（对应于不同的亮度水平）下，设备的颜色偏差太大都是不可接受的。因此，色稳定性也是评价 WOLED 的一个重要参数。

6.10 白光 OLED 器件结构

由于 WOLED 的优势不言而喻，自问世之日起，它就一直是世界各国科研工作者和产业界人士的宠儿，引起人们的普遍关注。历经近 20 年的发展，各国科研人员投入巨大的人力和财力以提高 WOLED 的器件性能，先后研制了多种器件结构，但概括起来大致可分为以下 6 类。

1. 三基色水平阵列 WOLED

三基色水平阵列 WOLED 的结构如图 6-9 所示。该结构由水平排列的红、蓝、绿这三基色 OLED 组成，每个单色 OLED 都有自己的控制电路，通过控制三基色各自的驱动电路来调节三基色发射的强度，然后将三基色混合实现白光发射。虽然通过这种方法能达到白光发射的目的,但是为了实现高质量白光发射,每个单色 OLED 单元都需要被制备得异常的小,这使得制备工艺和控制电路变得十分复杂。在当前商业化 OLED 显示面板中,这一技术已经在小面积 WOLED 照明面板上得到了广泛应用,但是不宜用于大面积 WOLED 照明面板。

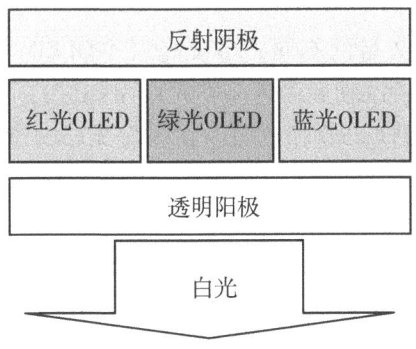

图 6-9 三基色水平阵列 WOLED 结构

2. 单发光层 WOLED

单发光层 WOLED 按发光层有机发光材料的不同,又可以划分为单一聚合物单发光层 WOLED、单掺杂单发光层 WOLED 与多掺杂单发光层 WOLED,具体器件结构如图 6-10 所示。

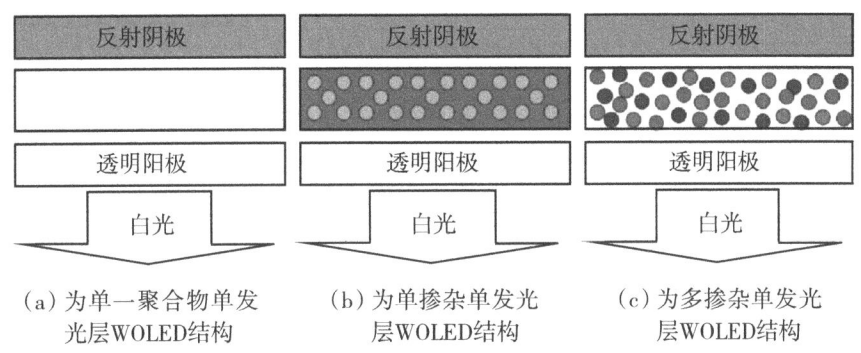

(a) 为单一聚合物单发光层WOLED结构　(b) 为单掺杂单发光层WOLED结构　(c) 为多掺杂单发光层WOLED结构

图 6-10 单发光层 WOLED 结构

单一聚合物单发光层 WOLED 结构简单易制备,但高性能白光聚合物材料较少,因此此类结构器件的性能相对较低。单掺杂单发光层 WOLED 是通过在短波段的蓝光材料中掺杂长波段黄光,然后调节黄色发光材料在蓝光材料中的精确掺杂比例,以此来实现白光谱中蓝色光和黄色光发射强度的调节,最终实现白光发射。由于通过互补色实现白光发射,此类设备显色指数普遍偏低。这种器件的构造简单,配制也很方便,只是在宽光谱、高性能非掺杂蓝色荧光材料等方面受到极大的限制。在多掺杂单层 WOLED 器件中,互补色或三基色发光材料一起掺杂在同一主体材料中,以实现白光发射。虽然这类 WOLED 器件的结构非常简单,但白光器件的光谱与每种发光材料的掺杂浓度有着密切的关系,掺杂浓度的微小改变都会引起器件光谱的巨大变化。所以对于 3 种及 3 种以上的单层发光器件,对于器件制备设备及技术要求更高。另外，多个互补发光材料以准确掺杂比例在同一主体材料掺杂时，随着器件使用时间的推移，互补发光材料会发生相分离，造成发光层薄膜分布不均，白光器件光谱发生改变。所以在多掺杂单发光层的 WOLED 装置中，还经常会发生色彩随时间漂移的现象以及色稳定性差等问题。

3. 多发光层 WOLED

依据器件发光层的颜色数量的不同，多发光层 WOLED 可分为互补或双色多发光层 WOLED、三基色多发光层 WOLED 和多色多发光层 WOLED，依次对应于图 6 - 11a、b、c 的器件结构。与单发光层的 WOLED 相比较，在多发光层的 WOLED 器件构造中，各种色彩互补发光材料分别置于器件不同发光层上，每个发光层内又仅掺杂一种发光材料，通过调节发光材料掺杂浓度或者每个发光层膜层厚度来调节器件发光颜色。不同颜色的发光层也可以在器件中重复使用，以限制发光层中激子浓度的分布，提高器件的色彩饱和度和色稳定性，同时在不同颜色的发光层之间可以插入一个间隔层或阻隔层或激子、载流子调节层。这类白光器件可选择的材料范围广，器件的制备过程简单，重复性强，性能优良，利于产业化生产。但是缺点在于载流子复合区域难以同时被各种颜色发光层包覆，需要在器件中引入阻挡层结构来平衡器件的发光颜色。另外，随着电压增加，载流子复合区域会出现偏移，这会引起每个发光层的发射强度变化，因此这类器件一般色稳定性差。

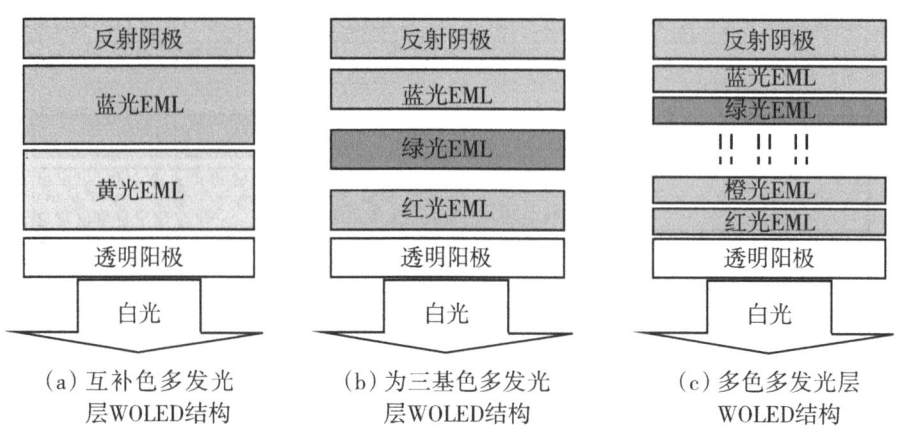

图 6 - 11 多发光层 WOLED 结构

4. 叠层 WOLED

叠层式 WOLED 是指通过电荷发生层将两个互补的发光单元连接在一起，以两个互补的发光单元的复合来实现白光，该器件结构图如图 6 - 12 所示。每个发光单元内包含一个有机功能层和一个发光层，还有透明的 PN 结用作电荷发生层，所以各个发光单元等同于一个独立完整的器件。再者，为了提高白光的色彩饱和度，可在器件内放置两个或更多个电荷发生层，由此可以制备 3 个或 3 个以上具有不同色彩发光单元的叠层 WOLED。叠层 WOLED 中因为载流子反复使用，器件电流效率与发光单元数量倍增。同时，由于引入了多个发光单元，器件整体膜层厚度有所增加，利于延长器件使用寿命。但是这类器件因为层结构比较丰富，对蒸镀设备蒸发源数目提出了更高要求，并且也提高了器件制备的复杂度。此外，电荷生成层在引入的同时也会带来微腔效应，使在不同视觉角度下该白光器件结构的亮度、色纯度变化很大。

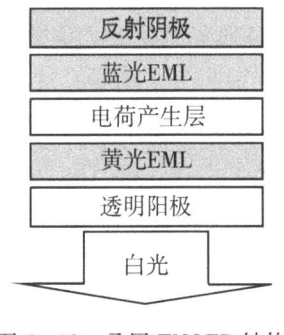

图 6-12　叠层 WOLED 结构

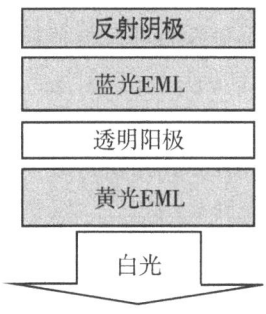

图 6-13　色转换 WOLED

5. 色转换 WOLED

色转换 WOLED 是通过蓝色 OLED 激发出长波段的黄色或者红色荧光、磷光发光材料膜，以此达到白光发射的目的，器件结构如图 6-13 所示。此法又称下转换法，与白光 LED 实现方式极为类似。通过这种方法制备的器件结构简单，不需要多层结构，避免了多发光层 WOLED 各个发光层工作寿命衰减不均的难题。此外，下转换层中的材料可以是有机材料，也可以是应用在 LED 中成熟的无机发光材料。此结构的不足之处在于，这种结构的器件性能主要取决于蓝光 OLED 器件。因此，性能优异的蓝光材料对于改善这种结构中白光器件的性能非常关键。

6. 激基复合物 WOLED

在 OLED 器件制备过程中，若两个相邻有机薄膜其中一种材料 LUMO 能级偏低，另一种材料 HOMO 能级偏高时，可能在这两种材料的界面处存在着由低 LUMO 能级材料向高 HOMO 能级材料的辐射跃迁现象，即为激基发射。该发射波长均大于两种材料的发射波长，结合这两种材料中一种或两种的本征发射，以此发射出白光。激基复合物 WOLED 结构均十分简单且易于制备，但是它的效率非常低，目前尚未进行大面积研究与应用。

当然，根据制备器件使用发光材料种类的不同，又可将 WOLED 分为全荧光 WOLED，荧光-磷光 WOLED 和全磷光 WOLED，在此不作展开。

6.11　白光 OLED 显示性能提高

根据 OLED 的发光和显示机理，WOLED 显示性能的优劣取决于发光单元发光效率，显示像素排列方式以及光提取效率。只有综合考虑以上各类元素，才能获得最佳白光 OLED 显示性能。

6.11.1　改进白光显示器件结构

通过对白光显示器件的发光单元、彩色滤光、微腔共振和颜色转换结构进行调节，或者将这些结构中的几种进行混合，是改善发光单元发光效率重要的途径。

因为彩色滤光膜与微腔共振结构可以在白光 OLED 内混合使用,所以当把彩色滤光膜放置于反射层和半反半透层的微腔之间时,我们就可以通过调节彩色滤光膜的厚度大小来实现微腔长度的调节。又由于颜色不同的像素单元的彩色滤光膜不是在同一步骤下形成的,其厚度大小很容易进行单独控制,因此制备工艺得到了简化并大大降低了制造成本。同时,我们还可以通过在反射层或者彩色滤光膜表面设置凹凸结构或者波浪结构,以此使得光在微腔内产生漫反射,从而使得最终出射的光线数量增多且发光效率增强。

除了上述混合方式,还可以使用彩色滤光膜和单色发光层相混合的方法。通过利用白光与红、绿滤光膜来构造红、绿子像素,以及通过使用蓝色发光层来构造蓝色子像素。在 RGW 子像素区上会形成第一有机发光层,而后在 RGBW 这 4 个子像素区上会形成第二有机发光层。基于此,白光从 RGW 3 个子像素区中发射出来,而 B 子像素区则用于发射蓝光。红、绿滤光片与第一区域内的红、绿子像素区相对设置。当来自第二有机发光层的蓝光透过滤光片部件后,蓝光中的绝大部分能够透过滤光片,且不会被滤光片部件所吸收,以此大大增强蓝光亮度。

此外,白光 OLED 也能与彩色滤光膜及颜色转换层一起混合使用。如在白光器件光出射侧各放置一层蓝色滤光膜、绿光色转换层及红光色转换层,以获得蓝色、绿色及红色的光线。这样的器件设置能将原来绿光和蓝光的能量充分转换到红光部分,且原有的红光也可以顺利透过,大大提高了红光部分效率。除此之外,还可以将绿色滤光膜设置于绿光色转换层和发光器件的两侧,借由绿光色转换层将背光源发出的白光进行转换,以此获得绿光和红色混合光,然后用绿色滤光膜滤光,获得纯绿色。在此过程中,绿光中的部分能量被充分利用。

6.11.2 改进像素排列结构

就白光 OLED 显示而言,其显示亮度与清晰度有很大一部分取决于 RGBW 子像素的排列方式。经过大量的研究,RGBW 子像素排列方式的种类层出不穷,但主要的排列方式有 4 种:条形、田字形、多像素矩阵混合、条形与矩阵混合。

(1)条形像素排列。该方式是通过并置像素排列来实现的。由于蓝色子像素亮度只占全像素总亮度的 6.45%,反观白色子像素亮度却占据了 36.1%。因此,有必要对每个子像素区域面积进行调节,以此来实现对发光效率低的像素(如蓝色子像素)的补偿。同时,由于大多数自然图像都是由白光组成的,为了提高有机发光显示器的工作效率,充分利用白色子像素,将全彩色像素中 W 子像素占据的像素面积设为最大值就显得很有必要,RGB 子像素占据的像素面积可以根据每个有机发光器件的效率和使用频率进行适度调整。

(2)田字形像素排列。这种方式是依靠两行两列配置以形成 2×2 的排列结构。针对田字形 RGBW 子像素布局模式,可以通过对组成一个像素的四个子像素点相交位置进行变换,以此来调节像素 RGBW 的四个子像素面积比例。田字形像素排列方式还兼顾了白光的发光强度分布和彩色滤光片透过波长依赖性。我们只需将不同色彩子像素发光区域面积比例调配至最佳,就可以轻易地增强像素开口率,并可更有效地实现电路配置设计。

(3)多像素矩阵混合的像素排列方式。例如,定义一个像素组由一个 3×3 的子像素阵列构成,其中包括左、右两个像素单元,然后每个像素单元又是由 1R、1G、2B、1W 组成。让白色子像素分布在阵列的中心，两个像素单元共用一个白色子像素。共用白色子像素的实现方式是把原来两个像素单元内彼此独立的白色子像素融合成一个子像素，进而达到数据芯片针对白色子像素所需数据量减少一半的目的，同时用于写入灰阶电压的数据线输出根数也减小一半。与此同时，处于相同行像素组中的子像素共享相同栅线，处于相同列像素组中同一颜色的子像素共用一条数据线，这使得驱动电路的结构大为简化。另外，蓝色部分总面积也增加了一倍，以此带来的结果是电流减少到原先的一半，蓝色子像素寿命显著提高。

（4）条形与矩阵混合的像素排列方式。例如，W、B子像素的形状为条形且沿列方向平行排列，R、G子像素在列方向上按顺序并列排列，它们在列方向上的长度之和小于W或B子像素在列方向上的长度。由于相邻的R、G子像素共用W或B子像素，也就是说R、G子像素所共用的单色子像素较少，有时甚至不存在共用子像素。基于此，该排列方式避免因大量共用不同色彩子像素而带来驱动算法等烦琐的问题，继而避免了因此而增加驱动芯片成本的弊端，使得屏幕画质更清晰、驱动系统更简便。与此同时，只有一部分相邻的R、G子像素共用W子像素与B子像素，这使得像素具有较大的开口面积和较高的分辨率。

6.11.3　提高光提取效率

一般情况下，OLED器件所辐射出的光线会在电极-玻璃和玻璃-空气这两种不同材料的界面上产生全反射现象，由此使得绝大部分的光陷位于有机薄膜结构与玻璃基板之间，从而造成外部量子效率的大幅下降。所以增强器件光提取效率对于提升白光OLED显示器件发光效率具有极其重要的意义。目前，能有效提高白光OLED光提取效率的途径主要有3种：①在玻璃和ITO两种材质之间增加光提取结构，由折射率匹配层、散射层等构成；②在玻璃基板表面或其他出光界面引入外部光提取结构，例如凹凸结构、微透镜阵列和散射膜层；③通过将散射颗粒掺杂到有机膜层内，以此增加有机层内的散射。

7 LED 背光源的光生物安全性探讨

7.1 光生物安全

7.1.1 光生物安全的背景介绍

光生物安全(photobiological safety)是指对于可见光和非可见光(如紫外线和红外线等)的辐射,以及激光器、OLED、EL 等新型光源产生对人体和生物的潜在危害进行评估和管理的一门科学。

光辐射被定义为波长介于 1nm 的远紫外 UV 到 1mm 的远红外 IR 的电磁波段。然而这个范围给予实际考量常被限制在 200～3 000 nm,如图 7-1 所示(参考可见光波段 380～780 nm),因为 200 nm 以下的光会被空气吸收,而在远红外波段的光子其所带能量低到可以被忽略。

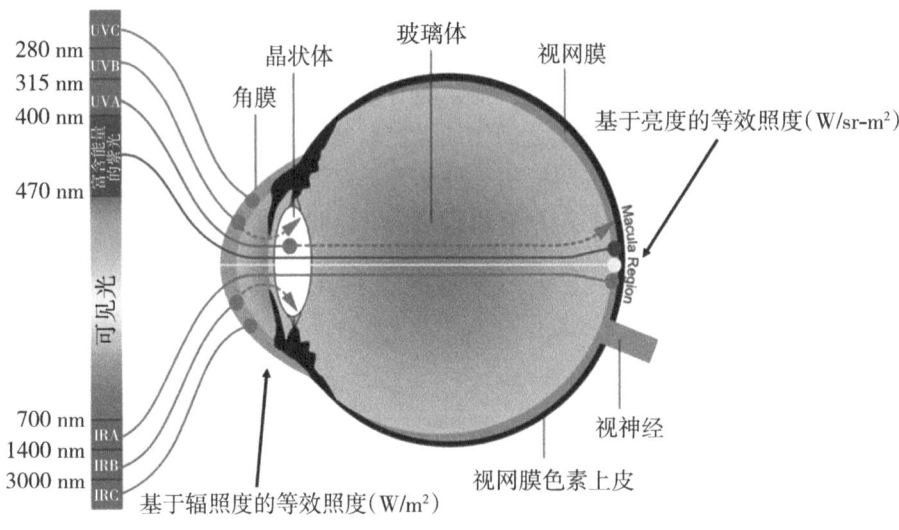

图 7-1 人眼角膜接收的光生物安全的主要辐射波段

光生物安全是指在光环境下,生物体与光之间的相互作用对其生存和繁殖产生影响的一种生物学安全。光生物安全对生物体带来影响性主要包括以下 4 方面。

(1) 光周期对生物体的影响:光周期是指一天中太阳光线的升起和落下的时间范围,不同时间段内的光照强度不同,对生物体的生长和发育都会产生影响。

(2) 光强度对生物体的影响:光强度是指单位面积内光照强度的大小,光强度过高或过低都会对生物体的生存和繁殖产生影响。

(3) 光周期和光强度对生物体的生理和行为的影响：不同种类的生物对光的适应性和反应不同，光周期和光强度的变化会影响生物体的生理和行为。

(4) 生物体对光的反应及其对生物安全的影响：生物体对光照的反应包括趋光性、避光性、光周期敏感性等，这些反应会影响其在光环境中的生存和繁殖。

在日常生活和工作中，我们可能会接触到不同类型的光辐射，包括太阳光、家用照明、医疗设备、激光器等。尽管光对我们有益，但高强度或长时间的光照射也可能会对健康产生危害。为了确保人们的健康和安全，国际标准组织（如国际电工委员会 IEC）和其他相关机构制定了光生物安全标准，用于评估和管理不同光源的潜在生物安全风险。

7.1.2 光生物安全的评估要素

光生物安全标准通常基于以下 4 个因素进行评估。

(1) 辐射类型：光辐射可以分为不同的区域，如紫外线（UV）、可见光和红外线（IR）。不同区域的辐射对皮肤和眼睛的影响不同。

(2) 辐射强度：辐射强度是光照射的关键因素。强度越高，对生物的潜在危害就越大。

(3) 照射时间：辐射的时间长短也会影响光生物安全。持续时间越长，潜在危害越大。

(4) 波长：不同波长的光对生物的影响不同。一些波长可能对眼睛和皮肤具危害性。

光生物安全标准还根据不同类型的光源（如 LED、激光器等）和使用环境（如医疗、工业、科研等）提供了相应的指南和限制。这些标准通常为制造商、使用者和监管机构提供了评估和管理光生物安全的方法。

在日常生活和工作中，我们应该避免长时间直接注视强光源，尤其是激光器等高能光源。同时，在使用光辐射设备时，应遵循制造商提供的安全指南，并采取适当的防护措施，以确保光的使用不会对人体和生物造成不可逆转的损害。

7.1.3 光生物安全对人的主要影响及危害

光对人体不仅能产生正面的影响，也能带来很多负面的危害。当前火热的医美领域，光都在其中发挥了很多积极的影响和作用，例如皮肤医疗、生发医疗，以及补钙医学等相关领域，此类研究涉及大量医学研究，本书不作详述。本书着重讨论光生物安全对人的危害，表 7-1 详细阐述了光生物安全对人体产生的主要危害。

表 7-1 光生物安全对人体的主要危害

危害部位	危害类型		波长范围/nm	危害结果
眼睛	UV	光化学紫外危害（Actinic UV）	200~400	眼角膜、结膜炎、白内障
		近紫外危害（Near UV）	315~400	白内障
	Blue Light	蓝光危害（Blue light）	300~700	视网膜炎
		蓝光危害-小型光源（Blue light-small source）		

续表

危害部位	危害类型		波长范围/nm	危害结果
眼睛	Retinal Thermal	视网膜热危害(Retinal thermal)	380～1 400	视网膜灼伤
		视网膜热危害 - 微弱视觉刺激(Retinal thermal-weak visual stimulus)	780～1 400	
	IR	红外光辐射危害(Infrared radiation)	780～3 000	角膜灼伤、白内障
皮肤	UV	光化学紫外危害(Actinic UV)	200～400	红斑、弹性组织变异、皮肤癌
	Thermal	皮肤热危害	380～3 000	皮肤灼伤
腺体	Blue Light	蓝光危害(Blue light)	300～700	抑制褪黑色素分泌
		蓝光危害 - 小型光源(Blue light-small source)		

综合当前主流的研究理论，主要分为三个方面。

(1)光对人眼的危害，包括最外层的角膜和巩膜，中间的脉络膜、睫状体和虹膜，最内层的视网膜。

(2)光对人皮肤的危害，包表皮和真皮两层，表皮在皮肤表面，又可分成角质层和生发层两部分。真皮则是致密结缔组织，具有许多弹力纤维和胶原纤维，分为有弹性和韧性。

(3)光对人体腺体分泌荷尔蒙的危害，包括大脑分泌的血清素和松果体释放的褪黑素等。

7.2 光生物安全的分类

光生物安全的分类是根据光的波长(λ)和影响程度进行的，以便了解不同光谱范围和强度对生物体的潜在危害。主要的分类方式包括根据波长分类和根据影响程度分类。

1. 根据波长分类

紫外光：紫外光波长小于380 nm，包括UVA(315～400 nm)、UVB(280～315 nm)和UVC(100～280 nm)。UVA较不易产生皮肤灼伤，但在长期暴露下可能引起皮肤老化和DNA损伤。UVB会导致皮肤晒伤和日光性皮炎，同时可能增加皮肤癌的风险。UVC的波长较短，通常被大气层吸收，不会直接影响地表。

可见光：可见光波长范围在380～780 nm，是人眼能够感知的光谱范围。不同波长的可见光对颜色感知和视觉功能有影响，但一般情况下不会对生物体产生严重危害。

红外光：红外光波长大于780 nm，主要包括近红外(NIR，780～1 400 nm)和远红外(FIR，1 400 nm以上)。近红外被广泛用于医学成像和通信技术，但高强度远红外可能会导致皮肤灼伤和组织损伤。

不同波段的光对人眼的伤害也是不同的，表7-2根据IEC-62471详细阐述了不同波段光的伤害及防护需要。

表7-2 LED不同波段防护等级

危害类型	LED类型	RG0 >10 000 s	RG1 100~10 000 s	RG2 0.25~100s	RG3 <0.25 s
光化学紫外危害（200~400 nm）	UVC，UVB，UVA	不需要	尽量减少接触眼睛或皮肤，使用适当的防护	眼睛和皮肤可能会受到刺激，使用适当的屏蔽	避免眼睛和皮肤接触未屏蔽的产品
视网膜蓝光危害（300~400 nm）	UVB，UVA，Blue，White	不需要	不需要	不要盯着运行中的灯看，可能对眼睛有害	不要盯着运行中的灯看，眼睛可能受伤
视网膜蓝或视网膜热危害（400~700 nm）	Blue，Whtie，Green，Red	不需要	不需要	不要盯着运行中的灯看，可能对眼睛有害	不要盯着运行中的灯看，眼睛可能受伤
角膜/晶状体红外线危害（780~3 000 nm）	IR	不需要	使用适当的遮蔽物或眼睛保护	避免眼睛接触，使用适当的遮蔽物或眼睛保护	避免眼睛和皮肤接触，使用适当的遮蔽物或眼睛保护
视网膜热危害，弱视觉刺激（780~1 400 nm）	IR	不需要	不要盯着运行中的灯看	不要盯着运行中的灯看	不要盯着运行中的灯看

2. 根据影响程度分类

（1）无危害：某些波长范围内的光对生物体没有明显危害，如可见光中的大部分范围。

（2）低危害：一些光谱范围内的光可能会引起轻微不适或暂时影响，但通常不会造成严重健康问题，如低强度紫外光和部分近红外光。

（3）高危害：部分光谱范围内的光可能会对生物体产生显著危害，如高强度紫外光、特定红外光谱等，可能导致皮肤灼伤、白内障、视网膜损伤等。

通过这些分类，人们可以更好地了解不同波长和影响程度的光如何对生物体产生影响。这有助于制定光生物安全标准、设备设计以及保护措施，确保人类和生物体在不同光环境中的健康与安全。

7.3 光生物安全的特性参量

光生物安全的特性参数用于评估光辐射对生物体（如人类眼睛和皮肤）的潜在危险性。这些参数有助于确定光源的光生物安全级别以及采取适当的防护措施。以下是一些常见的光生物安全特性参数。

（1）波长（wavelength）：波长是指光的颜色或频率，通常以纳米（nm）为单位表示。不同波长的光对生物体的影响不同。例如，紫外线和红外线辐射通常对皮肤和眼睛更有害。

(2) 辐射功率密度 (radiant power density)：辐射功率密度是单位面积上的辐射功率，通常以瓦特每平方厘米 (W/cm^2) 或瓦特每平方米 (W/m^2) 表示。高辐射功率密度的光可以导致眼睛和皮肤受到潜在危险。

(3) 光强度 (luminous intensity)：光强度是光源在特定方向上的辐射功率，通常以坎德拉 (cd) 为单位表示。光源的光强度可以影响辐射到生物体上的光强。

(4) 持续时间 (duration)：持续时间是指光照射的时间，通常以秒 (s) 为单位。即使光的辐射功率密度较低，但如果暴露时间较长，也可能对生物体造成危险。

(5) 瞬时辐照度 (pulse irradiance)：对于脉冲光源，瞬时辐照度是脉冲期间的瞬时辐射功率密度，通常以瓦特每平方厘米 (W/cm^2) 或瓦特每平方米 (W/m^2) 表示。脉冲光可能在短时间内提供高能量，需要考虑瞬时辐照度。

(6) 辐射模式和焦散度 (radiation pattern and divergence)：辐射模式指光束的传播方式，而焦散度表示光束的扩散程度。不同的辐射模式和焦散度会影响光照射区域的大小和光强度。辐射模式和焦散度是同时也是描述光束传播和光束形状的重要概念，它们在光学和激光技术中具有重要的应用。

① 辐射模式 (radiation pattern)：辐射模式描述光束在空间中的分布和方向特性。它涵盖光束的强度、方向性以及如何随着距离而变化。辐射模式通常与光源的几何形状和光的波长有关。辐射模式可以是单一的、对称的或非对称的，具体取决于光源的性质。在激光器中，辐射模式的特性对于光束的聚焦和成形至关重要，因为它决定了光束的空间分布和功率密度分布。

② 焦散度 (divergence)：焦散度描述光束从光源出射后扩散的程度，通常用角度表示。它表示光束的传播特性，即光束离开光源后，光束截面逐渐增大的程度。焦散度通常以弧度 (radians) 或度 (degrees) 来度量。较小的焦散度表示光束更加集中，而较大的焦散度表示光束更加扩散。

(7) 频闪率 (flicker frequency)：对于闪烁光源，频闪率是指光源闪烁的频率。高频闪烁可能会引起眼睛不适和其他问题。

(8) 视觉响应函数 (spectral responsivity)：不同类型的光敏感细胞对不同波长的光具有不同的响应。视觉响应函数描述了光在不同波长下对人类眼睛的感知程度。

(9) 照射距离 (illuminance distance)：照射距离是指光源与生物体之间的距离，它可以影响光的强度和分布。

这些特性参数通常在光生物安全评估中使用，以确定潜在危险并采取适当的防护措施，确保光源对生物体的影响最小化。这些参数的具体值和限制会根据不同的应用和标准而有所不同。在实际应用中，通常需要考虑多个参数来全面评估光生物安全。

7.4 光生物安全的评价方式和标准

7.4.1 光生物安全的评价方式

光生物安全的评价方式是用于测量和分析光对生物体可能产生的潜在危害的方法。以下是一些常见的评价方式：

（1）辐照度测量：使用光辐射计等设备，测量特定波长光在单位面积内的能量输入，从而评估光的能量密度。

（2）波长分析：通过光谱分析，确定光的波长范围，以了解不同波长对生物体的影响。

（3）照度测量：通过光度计等设备，测量单位面积内接收到的光辐射功率，用于评估光的强度对人眼的视觉影响。

7.4.2 光生物安全的评价标准

目前光生物安全的国际通用评价标准主要指的是 IEC 标准。

为了确保光生物安全评估的科学性和一致性，国际电工委员会（IEC）和其他组织制定了一系列标准和指南。以下是一些光生物安全评估的国际标准和指南。

IEC 62471：是国际电工委员会（International Electrotechnical Commission，IEC）发布的标准，用于评估光生物安全性。该标准的全名是 IEC 62471：2006 *Photobiological Safety of Lamps and Lamp Systems*，它提供了用于评估各种光源对人眼和皮肤的潜在危险性的方法和准则。IEC 62471 主要关注光源的光生物安全性，包括照明设备、激光器、LED 光源等。

IEC 62471 标准将光生物安全性分为不同的风险组别，根据不同光源的光谱、光强度、波长范围和照射时间，将光源划分为以下四个主要风险组别。

无风险组（risk group 0）：不会引起光生物安全问题，光源属于此组的不需要进一步的评估。

低风险组（risk group 1）：低风险光源，一般不会造成危险，但可能需要一些注意和标记。

中风险组（risk group 2）：中风险光源，可能对眼睛或皮肤产生危险，需要详细的评估和控制措施。

高风险组（risk group 3）：高风险光源，可能对眼睛或皮肤产生严重危险，需要采取严格的控制措施。

IEC 62471 标准提供了一种评估光源光生物安全性的方法，包括测量光源的辐射功率、波长分布、持续时间和照射条件等参数。根据这些测量结果，可以确定光源的风险组别，并采取相应的安全措施。

这一标准的目的是确保各种光源的使用不会对人眼和皮肤造成潜在危害，同时提供了制定光源产品标签和安全说明的指南。IEC 62471 标准是许多国际和国家规定的基础，以确保照明设备、激光器、LED 光源等产品的安全性。标准内容可能会根据不同版本和修订进行更新，因此在特定应用中应始终参考最新版本的标准。

IEC/TR 62778：是国际电工委员会发布的一份技术报告，全名为 IEC/TR 62778：2014 *Technical Report-Application of IEC 62471 for the assessment of blue light hazard to light sources and luminaires*。这份技术报告关注蓝光危害（blue light hazard）的评估，特别是针对光源和照明设备的蓝光危害评估。

蓝光危害是指在可见光谱中蓝光部分对人眼和视觉系统的潜在危险性。蓝光在可见光谱中的波长范围通常被定义为在 400～500 nm。这种蓝光对人眼的潜在危害包括光致视网膜病变(photoretinitis)，特别是在光源的高蓝光辐射条件下可能会引发问题。

IEC/TR 62778 报告的主要目标是将国际电工委员会的光生物安全标准 IEC 62471 中的方法和原则应用于评估蓝光危害。该报告提供了一种用于评估光源和照明设备的蓝光危害的方法，包括测量光源的光谱、光强度、波长范围和持续时间等参数。报告还提供了有关蓝光危害评估的技术指南，以及如何根据评估结果来确定蓝光危害级别。

IEC/TR 62778 旨在帮助光源和照明设备制造商、设计师和用户更好地了解和管理蓝光危害，以确保它们的产品对人眼的安全性。这个报告的内容可能会在以后的版本中进行更新和修改，因此在特定应用中应始终参考最新版本的报告。

光生物安全评价对于保障人眼和生物体的健康至关重要。合适的评价方式和标准可以帮助预防潜在的光生物危害，避免眼睛损伤、皮肤病变等问题的发生。光生物安全评价还为照明、医疗设备、激光技术等领域的发展提供了科学依据，确保技术的安全应用和人类健康。

随着科学技术的不断发展，光生物安全的研究和标准也在不断更新。新的光源、应用领域以及生物效应研究成果都会对现有的评价方式和标准提出挑战。因此，持续的研究工作和国际合作十分必要，以确保光生物安全评价始终与最新科学发展保持一致。

因此光生物安全的评价方式和标准对于确保光源和设备的安全应用至关重要。不同类型的标准可以满足不同领域的需求，从而保障人眼和生物体在不同光环境下的健康与安全。通过不断的研究和更新，使人们能够更好地理解光生物安全的重要性，为各个领域提供更安全、可靠的光源设计和使用方案。

7.5 蓝光危害

蓝光是一种波长较短的电磁波，具有促进生物生长、提高睡眠质量、保护眼睛等功能。然而，过度暴露于蓝光也会对人体产生危害。蓝光危害是指可见光谱中波长较短的蓝色光对人眼和生物体可能产生的潜在危害。蓝光的波长范围为 380～500 nm，这种光在自然界中普遍存在，也广泛应用于照明、显示器和通信技术中。

图 7-2 显示了蓝光在电磁波和光辐射中所处的波段。且蓝光部分波段是作为人眼可感知光谱色中不可或缺的一部分，不管是在照明领域还是显示和成像领域，蓝光部分的含量对白光的色品质，比如色温、显色指数等关键指标有着极大的影响。

1. 眼睛健康影响

蓝光可以穿透眼睛的角膜和晶状体，直接照射到视网膜。高强度的蓝光照射可能导致以下眼睛健康问题。

(1) 数码眼疲劳：长时间暴露于蓝光辐射，如电子设备屏幕可能导致眼睛疲劳、干涩、模糊和头痛等症状。

(2) 黄斑变性风险：长期暴露于高强度蓝光可能增加患上黄斑变性等视网膜疾病的风险。黄斑是视网膜中负责中央视觉的区域，对于维持清晰视觉和颜色辨识十分重要。而且从研究中我们可以发现，大部分波段的光都被眼睛的前端组织挡住，但可见光部分，特别是蓝光部分却能直接穿过眼球到达视网膜，对眼球最核心的部位造成直接的伤害。图 7-3

显示了蓝光部分可以直接到达人眼的眼底视网膜。

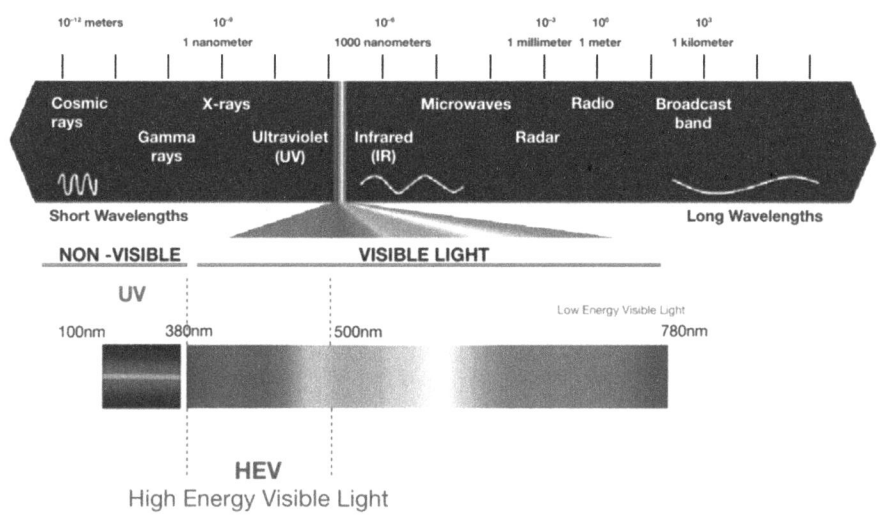

图7-2　高能蓝光在电磁波和光波中所处波段

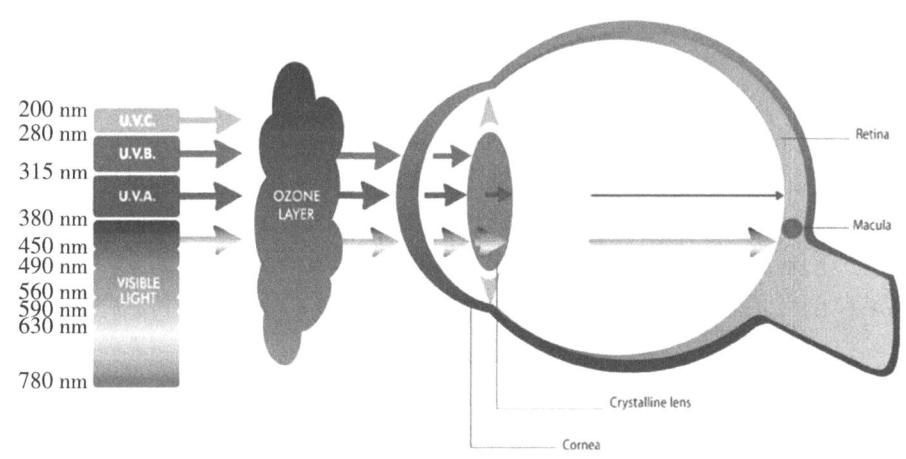

图7-3　蓝光部分到达视网膜效果

2. 睡眠质量影响

蓝光还影响睡眠质量和节律，尤其是在夜间暴露。这是因为蓝光抑制了褪黑素的分泌，褪黑素是调节睡眠的激素。夜间长时间暴露于蓝光，如来自电子设备的光线，可能干扰正常的睡眠周期，导致入睡困难和睡眠质量下降。

3. 防蓝光技术

为了减轻蓝光危害，人们开发了各种防蓝光技术，包括软件和硬件两种类型。这些技术可以降低屏幕所释放的蓝光量，以减少眼睛疲劳和睡眠问题。例如，一些显示器和眼镜配备了蓝光过滤器，可以减少蓝光的透过率。

4. 光生物安全评价

对蓝光的光生物安全评价包括测量蓝光的辐照度、波长分布与照度等特性。在蓝光照明和显示技术的发展中，光生物安全评估的结果有助于确定蓝光在不同应用情境下的风险，并制定适当的保护措施和标准。

蓝光危害主要涉及眼睛健康、睡眠质量和视网膜细胞的问题。特别是在现代社会电子设备的普遍使用下，采取适当的保护措施和注意事项，有助于减轻蓝光对人类健康的潜在影响。同时，持续的研究和关注将有助于进一步了解蓝光危害的机制和影响。

7.6 蓝光危害的特性参量

IEC 的介绍提供了一系列用于评估蓝光危害的特性参量。这些参数结合光源的属性，如色温、光谱分布、色坐标等，有助于综合评估蓝光对人眼和生物体的影响。通过对这些参数的测量和分析，可以更科学地评估蓝光危害，为蓝光环境的管理和保护提供科学依据。

波长：蓝光通常包括波长在 400～500 nm 的光线。其中，特别是在 440～480 nm 的光，被认为对眼睛有潜在的危害。

辐射强度：辐射强度表示单位面积上蓝光的能量流量，单位：瓦特每平方米（W/m^2）。辐射强度越高，蓝光危害可能越大。辐射强度可以用以下公式表示：

$$E = \frac{dE}{dA} \tag{7-1}$$

式中，E 是辐射强度；dE 是通过面积 dA 的能量变化。

曝光时间（exposure time）：蓝光危害的程度与暴露时间有关。同样的蓝光辐射，长时间的暴露会比短时间的暴露更有可能引发危害。

光强度：光强度是指光线照射到表面上的亮度，单位：勒克斯（lux）。高光强度的环境中，如果存在大量的蓝光成分，也可能增加危害。光强度可以用以下公式表示：

$$E_v = \frac{d\Phi_v}{dA} \tag{7-2}$$

式中，E_v 是光强度；$d\Phi_v$ 是通过面积 dA 的光通量变化。

视网膜灵敏度函数（spectral sensitivity function）：视网膜灵敏度函数是描述不同波长光对人眼视网膜刺激程度的函数。人眼对不同波长的光具有不同的灵敏度。这个函数通常用标准的瓦斯兰特函数（$V\lambda$ 函数）来表示。

辐射通量（radiant flux）：辐射通量表示单位时间内通过某个表面的光能量，单位：瓦特（W）。辐射通量与辐射强度之间的关系可以由以下公式表示：

$$d\Phi = \int E(\lambda) d\lambda \tag{7-3}$$

式中，$d\Phi$ 是辐射通量；$E(\lambda)$ 为波长 λ 处的辐射强度。

眼睛的入射角（angle of incidence）：入射角是指光线与眼睛的视线之间的角度。较大的入射角可能导致更多的蓝光进入眼睛。

蓝光危害的具体公式会根据具体的研究和模型而有所不同，但一般来说，蓝光危害可以估算为：

蓝光危害 = 辐射强度 × 曝光时间 × 视网膜灵敏度函数 × 眼睛的入射角

这个公式的具体形式会根据研究的目的和模型的精确性而有所不同。蓝光危害的研究还在不断发展，因此具体参数和公式可能会有所变化。对于个人来说，减少蓝光危害的最佳方式是通过降低蓝光暴露，例如使用蓝光滤镜、减少屏幕时间、保持适度的照明等。如果您有特定的蓝光危害问题，建议咨询专业眼科医生或专家以获取个性化的建议。

7.7 蓝光危害的评价方式和标准

1. 光生物安全标准（IEC 62471）

前已述及，当前蓝光危害评估领域最主要的标准遵循的就是国际电工委员会（IEC）发布的标准 IEC 62471，该标准为光生物安全提供了评价框架，包括蓝光危害的评估。该标准涵盖了不同光源的视觉蓝光危害和非视觉蓝光危害的评估方法，以及相应的暴露限值。IEC 62471 标准综合考虑了波长、辐照度、照度等参数，为蓝光危害的评估和管理提供了国际认可的准则。

2. CIE S 009/E 标准

国际照明委员会（CIE）发布的 CIE S 009/E 标准，着重于视觉蓝光危害的评估。该标准基于蓝光的波长和光谱分布，通过计算蓝光辐射照度来评估蓝光对人眼的危害程度。CIE S 009/E 标准为蓝光危害的研究和应用提供了重要的参考依据。

3. ISO 标准

国际标准化组织（ISO）也涉及蓝光危害的评价，尤其是在医疗和工业领域。ISO 标准可能关注特定应用场景下蓝光对人体健康的影响，为相关行业提供了指导和标准。

4. GB/T38120 标准

2020 年 7 月 1 日，防蓝光新国标《GB/T 38120—2019 蓝光防护膜的光健康与光安全应用技术要求》正式开始实施。这也是目前防蓝光领域里最新的国家标准。

此标准是基于蓝光关于人体的光生物影响而制定的通用性规范，它明确要求：光学镜片产品的蓝光防护膜在各个光谱范围需要符合规定的光透射比标准。

在此新标准出台之前，大部分防蓝光的镜片存在的问题是：该防的防不住，不该防的反而防住了。这种误差，不仅解决不了蓝光的损害，还会导致镜片强烈的偏色，影响视觉质量。

国标中要求，385～415 nm 的波段，透过率要小于75%；415～445 nm 的波段，透过率要小于等于80%，这两段波长，就是有害蓝光（385～445 nm），需要防住。而 445 nm 以上的波段，要保证足够高的透过率，大于80%。

需要注意的是，该标准为推荐性，并非强制性，所以有很多镜片厂家未及时跟进。

绝大部分门店使用的防蓝光检测笔，包括便携式、灯罩式等，波长都不是精准的有害蓝光波段，发出的波长在 405±10 nm，更偏向于蓝紫光，而有害蓝光的波长为 385～445 nm，所以这根蓝光笔发出的蓝光，只是有害蓝光其中的一部分。

5. 低蓝光莱茵认证

这里首先强调低蓝光莱茵认证并不属于行业标准、国家标准或者国际标准，但由于目前消费电子行业大部分的显示设备都会标有此认证用于证明其具有的防蓝光能力，因此本书也对其做一些介绍。图7-4展示了这个认证的通用标识。

莱茵认证来源于德国莱茵集团。德国莱茵TÜV集团作为一个独立、公正和专业的机构，长期致力于营造一个同时符合人类和环境需要的美好未来，莱因认证做了很多关于电视或者其他屏幕等工业认证，TÜV莱茵的低蓝光认证已经在显示屏领域获得市场高度认

图7-4 低蓝光莱茵认证通用标识

可，覆盖消费者熟知的17个显示器品牌，以及包括显示器在内的6大领域，如电视机、PC一体机、VR等，在保证消费安全的基础上，为用户带来更为健康的使用体验。

7.8 防蓝光技术的介绍

防蓝光技术是一种通过过滤掉部分蓝光光谱，保护眼睛免受蓝光伤害的技术。蓝光是一种高能电磁波，长时间暴露在蓝光中可能会导致眼睛疲劳、干涩、视力下降等问题。

防蓝光技术通常采用2种模式：①硬件模式，即通过芯片、滤波器等设备直接过滤掉部分蓝光；②软件模式，即通过应用程序、网站等软件平台提供的功能，过滤掉部分蓝光并调整屏幕亮度等参数以平衡视觉感受。

硬件模式的防蓝光技术通常比较昂贵，且需要定期更换芯片或滤波器，而软件模式的防蓝光技术则相对便宜和实用，但需要用户自己进行一些设置和调整。

常见的防蓝光软件包括：

（1）蓝绿光切换：将屏幕的蓝色和绿色光线分别切换到更强烈的模式，以减轻眼睛疲劳。

（2）亮度调节：调整屏幕亮度，使其在蓝光防护模式下仍然能够看清文本和图像。

（3）降低蓝光百分比：通过降低屏幕的蓝光含量来减少蓝光的危害。

（4）软件过滤：通过应用程序或网站提供的过滤功能来过滤掉部分蓝光。

防蓝光技术可以有效地减轻长时间使用电子设备时眼睛疲劳和干涩等问题，但需要注意，防蓝光技术并不能完全消除蓝光的危害，而且不同人的蓝光敏感程度不同，需要根据个人情况进行选择和使用。

7.9 防蓝光技术的评价指标

1. 蓝光透过率

蓝光透过率是衡量防蓝光技术效果的重要指标之一。透过率越低，防蓝光效果越好。

通常以百分比表示，指示屏幕或镜片对蓝光的吸收或散射能力。

2. 色温调节范围

防蓝光技术是否具备调节色温的能力也是一个关键指标。技术能否在不同场景下调整色温，以适应不同的环境和需求。

3. 视觉效果和色彩保真

防蓝光技术在过滤蓝光的同时，是否能够保持良好的视觉效果和色彩保真性，尤其是对于需要高色彩还原的专业应用。

4. 蓝光谱分布

防蓝光技术对蓝光的过滤效果不同，可能在蓝光谱分布中产生不同程度的减少。这需要考虑防蓝光技术在不同波长范围内的过滤效果。

5. 眩光和反射

部分防蓝光技术可能会导致眩光或反射问题，影响用户体验。评价指标需要考虑在不同光照条件下的眩光和反射情况。

6. 舒适度和适应性

防蓝光技术对用户的舒适度和适应性影响很大。用户是否能长时间使用而不感到不适，以及是否需要适应期，都是需要考虑的因素。

7. 耐久性和清洁

技术应该具备足够的耐久性，不易受损或磨损。此外，清洁难易程度也是一个需要考虑的因素。

8. 价格和性价比

防蓝光技术的价格与性能之间的关系也是评价指标之一。用户需要权衡价格和性能，选择适合自己的产品。

9. 医学认可和科学依据

一些防蓝光技术可能获得了医学界的认可，或者基于科学研究提供了充分的依据。这可以增加技术的可信度和效果。

10. 用户反馈和体验

用户的反馈和体验是评价指标的重要组成部分。用户的实际使用体验可以帮助评估技术的实际效果和满意度。

通过综合考虑这些评价指标，可以更全面地了解防蓝光技术的性能和适用性，帮助用户选择合适的产品，保护眼睛健康。

7.10 防蓝光技术的类型

当下防蓝光的技术有多种类型，主要针对的是各类数字显示设在显示过程中带来的蓝光危害，采取相对应性的防护手段。

1. 滤光镜和涂层技术

滤光镜和涂层技术是最常见的防蓝光技术之一。通过在屏幕或眼镜镜片上添加特殊的滤光材料或涂层，可以减少蓝光的透过率，从而降低对眼睛的蓝光暴露。这种技术可以有效减少蓝光引起的眼睛疲劳和干涩。图 7-5 展示的是传统的多涂层滤蓝光镜片。

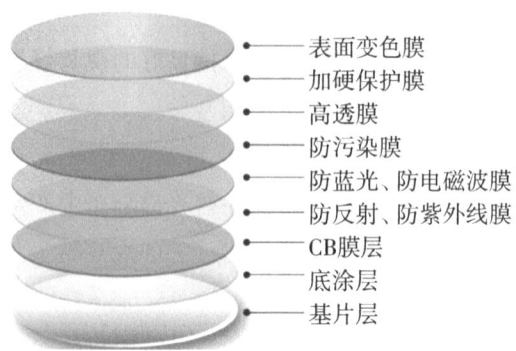

图 7-5　多层结构滤蓝光镜片

2. PWM 调光技术

PWM（脉宽调制）调光技术通过调整显示设备的亮度，降低照射到眼睛的光强度。这有助于减少蓝光危害，特别是在低亮度环境下。一些显示器和设备可以根据环境光照自动调整亮度，以降低蓝光辐射。图 7-6 是一种常见的 PWM 调光模式，也能更直观地帮助理解 PWM 调整占空比的方式。

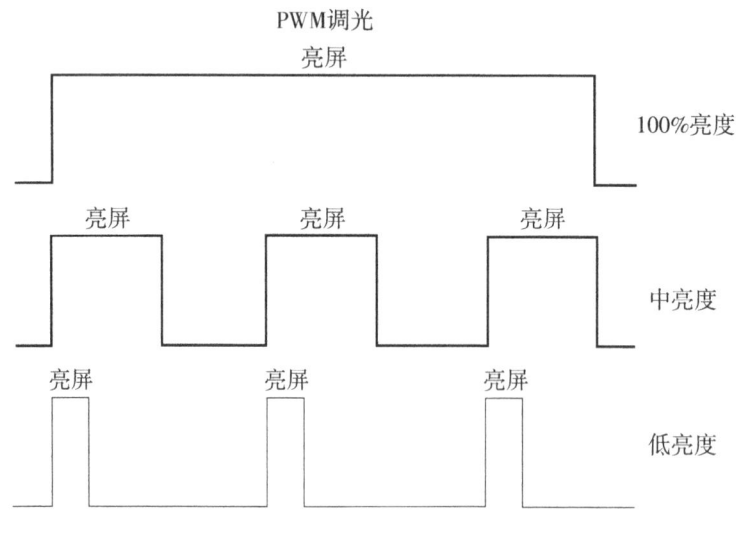

图 7-6　一种常见的 PWM 调光模式

3. 色温调节技术

色温调节技术可以调整显示设备的色温，使其更趋向温暖色调。这有助于减少蓝光成分的含量，特别是在晚间使用时，有助于调整生物节律。这种技术通常被称为"夜间模式"。图7-7展示了不同色温情况下的发光设备对应的光谱曲线,从中我们能明显看出低色温对应的蓝光组分也明显降低。因此调低色温能显著降低蓝光成分。

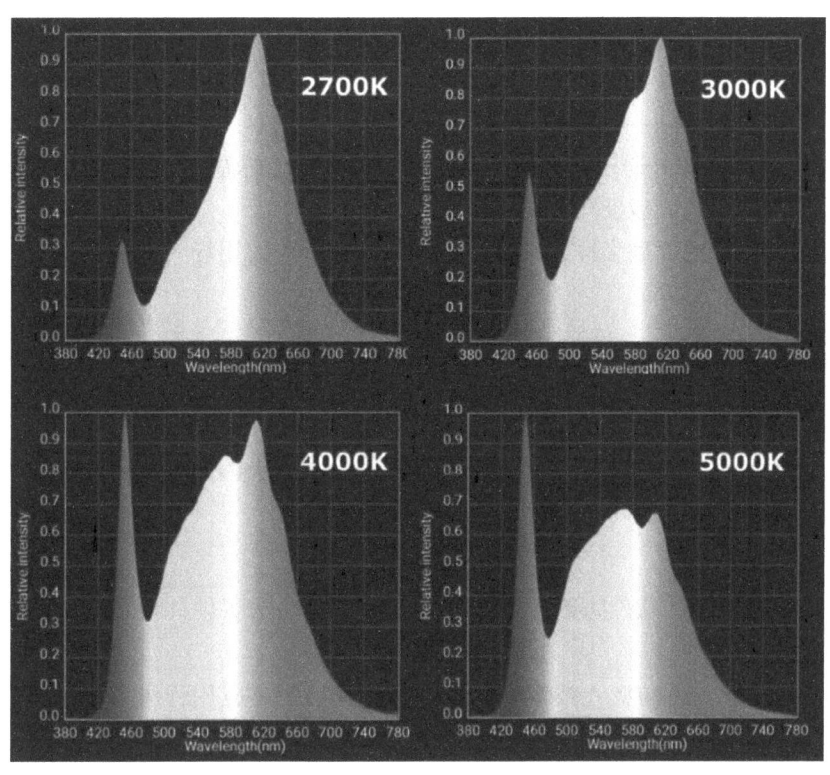

图7-7 不同色温发光设备对应的光谱曲线和蓝光比例

4. 蓝光散射技术

蓝光散射技术通过在屏幕或镜片表面添加微小的颗粒或涂层,实现蓝光的散射和扩散。这种技术可以降低蓝光的集中度,减少对眼睛的直接照射,从而减轻蓝光危害。图7-8介绍了蓝光散射技术的原理。

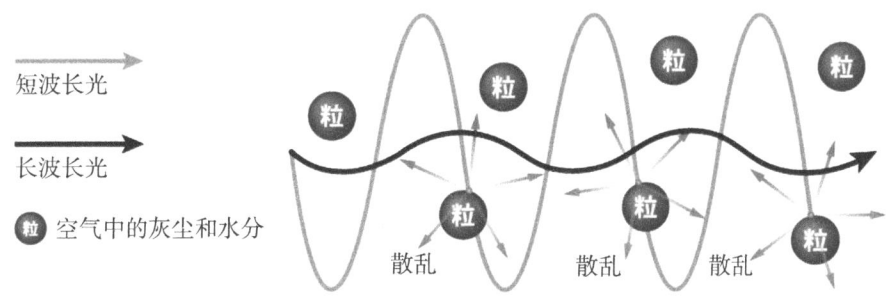

图7-8 蓝光散射技术的原理

5. 智能设备的软件设置

一些智能设备提供软件设置选项,可以调整屏幕亮度、色温等参数,以减轻蓝光危害。这些设置可以根据不同的使用场景(例如白天和晚上)进行调整。

6. 蓝光防护眼镜

蓝光防护眼镜是一种个人防护的方式,通过在眼镜镜片上添加蓝光过滤涂层来降低蓝光危害。这种眼镜可以有效地过滤掉一部分蓝光,保护眼睛免受蓝光的损害。

7. 硬件调整和优化

一些显示器和设备可通过硬件调整和优化来降低蓝光辐射。这可能涉及光学元件、LED 背光等方面的改进,以实现更低的蓝光辐射。

这些防蓝光技术的类型多样,可以根据不同的需求和使用场景选择合适的技术来保护眼睛健康。

7.11 软件防蓝光技术的优劣

软件防蓝光技术是通过应用程序、网站等软件平台提供的功能,过滤掉部分蓝光并调整屏幕亮度等参数以平衡视觉感受。

1. 优点

(1)价格相对便宜:软件防蓝光技术通常不需要单独购买硬件设备,价格相对硬件防蓝光技术较低。

(2)简单易用:软件防蓝光技术可以通过内置或第三方应用程序实现,用户只需要进行一些简单的设置即可使用。

(3)灵活性强:软件防蓝光技术可以根据用户需求进行自定义设置,以适应不同的使用场景和需求。

(4)不需要额外投资:软件防蓝光技术不需要用户额外购买硬件设备,因此可以减少用户的经济负担。

2. 缺点

(1)效果相对硬件防蓝光技术较差:软件防蓝光技术通过应用程序实现,其过滤蓝光的效果相对硬件防蓝光技术较差,需要用户自己进行一些调整和优化。

(2)对视力的影响相对较小:相对于硬件防蓝光技术,软件防蓝光技术对视力的影响相对较小,但对于一些敏感人群,如青少年,软件防蓝光技术仍然有一定的潜在风险。

(3)可能存在兼容性问题:不同的应用程序和网站可能存在兼容性问题,导致软件防蓝光技术无法正常工作。

软件防蓝光技术具有价格相对便宜、简单易用、灵活性强等优点,但存在效果相对硬件防蓝光技术较差、对视力的影响相对较小、可能存在兼容性问题等缺点,需要用户根据自己的需求和情况进行选择。当前调节蓝光的各类软件非常多,各显示设备厂商也都有自己开发的减蓝光软件。图 7-9 展示了其中一种软件调节蓝光的方法。

7 LED背光源的光生物安全性探讨

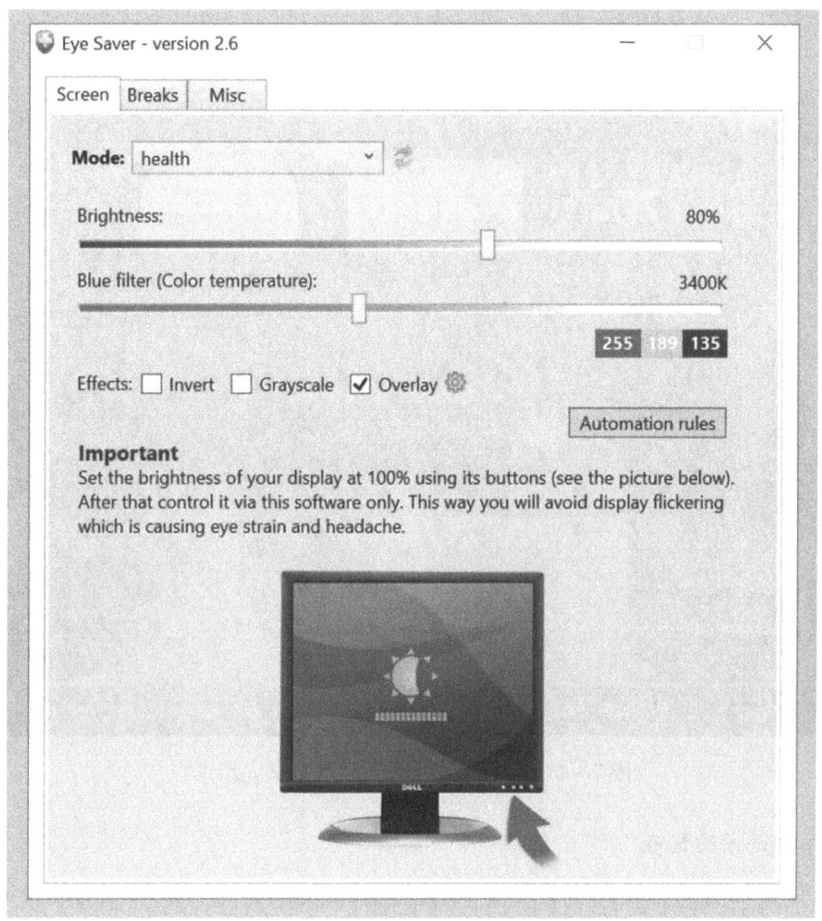

图 7-9　一种调节蓝光的软件模块

7.12　硬件防蓝光技术的优劣

硬件防蓝光技术是指通过芯片、滤波器等设备直接过滤掉部分蓝光，从而减轻蓝光对眼睛的伤害，图 7-10 所示是一种简易的滤波器防蓝光装置。另一种是通过直接平移有害蓝光部分的光谱波段，使得原本造成最大蓝光伤害的 440～450 nm 平移到 470～480 nm 波段，图 7-11 所示是华硕开发的蓝光波段平移的硬件防蓝光示意图。

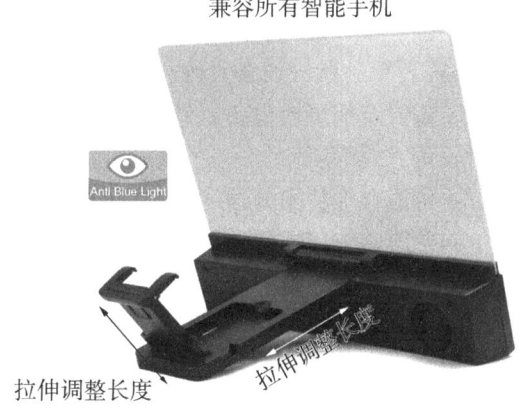

图 7-10　一种简易的滤波器防蓝光装置

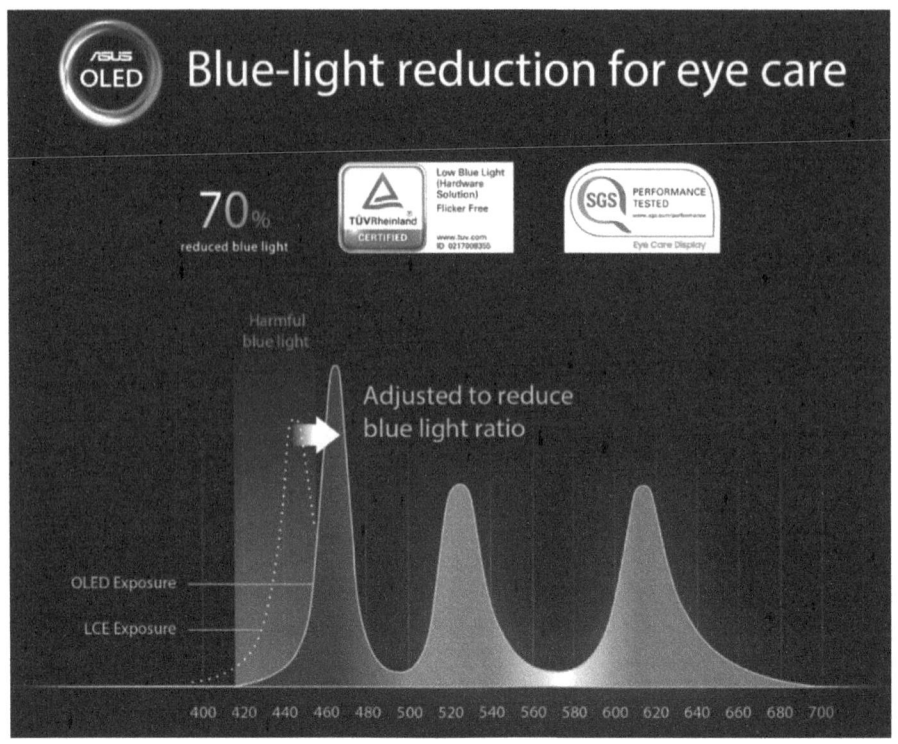

图 7-11 蓝光波段平移的硬件防蓝光示意

1. 硬件防蓝光的优点

(1) 效果更加明显：硬件防蓝光技术通过直接过滤蓝光，其效果相对软件防蓝光技术更加明显，能够更好地减轻蓝光对眼睛的伤害。

(2) 成本相对较低：相对于软件防蓝光技术，硬件防蓝光技术的成本相对较低，因此更适用于一些预算有限的用户。

(3) 稳定性高：硬件防蓝光技术通常不需要定期更换芯片或滤波器，因此其稳定性相对较高。

2. 硬件防蓝光的缺点

(1) 需要单独购买设备：硬件防蓝光技术需要用户单独购买设备，因此成本相对较高。

(2) 需要定期更换设备：硬件防蓝光技术需要定期更换芯片或滤波器，因此其使用寿命相对较短。

(3) 可能存在技术升级问题：随着科技的不断发展，硬件防蓝光技术可能会面临技术升级的问题，需要用户定期更换设备以应对新的技术升级。

硬件防蓝光技术具有效果更加明显、成本相对较低、稳定性高等优点，但需要单独购买设备、需要定期更换设备、可能存在技术升级问题等缺点，需要用户根据自己的需求和情况进行选择。

7.13 防蓝光技术对于显示器色彩表现的影响

防蓝光技术可以有效减轻蓝光对眼睛的伤害,但同时也可能会对显示器的色彩表现产生影响。蓝光是一种高能电磁波,可能会对显示器的色彩表现产生一些影响。长时间暴露在蓝光中,可能会导致显示器的色彩表现出现一些变化,例如颜色变得更加鲜艳、饱和度提高等。防蓝光技术对于显示器色彩表现的影响主要体现在以下几个方面。

1. 色温变化

一些防蓝光技术通过调整显示器的色温,使其更趋向温暖色调,以减少蓝光成分的含量。然而,这种调整可能会导致显示器整体色彩偏黄,影响了色彩的准确性和鲜艳度。用户可能会感觉到图像的色彩不如原来那么鲜艳和真实。

2. 色彩饱和度降低

部分防蓝光技术会减少蓝光的透过率,导致屏幕上蓝色和蓝色相关颜色的饱和度降低。这可能会导致图像色彩的失真,使颜色看起来更加暗淡。

3. 色彩准确性降低

防蓝光技术可能会降低显示器的色彩准确性,导致颜色的还原不如原始显示。特别是在需要精准色彩表现的图像处理、设计和专业应用中,这可能会影响工作的效率和结果。

4. 对比度变化

调整显示器的色温和蓝光透过率可能会影响显示器的对比度,使暗部和亮部的区分度降低。这可能导致图像细节的丧失,影响显示效果。

5. 用户适应期

一些防蓝光技术需要用户适应一段时间,以适应新的色彩表现。在适应期间,用户可能会感到图像颜色的变化,导致一定的不适感。

总的来说,防蓝光技术在保护眼睛健康的同时,可能会对显示器的色彩表现产生一定的影响。用户在选择防蓝光技术时,需要权衡眼睛健康和色彩表现之间的平衡,根据自己的需求和偏好做出选择。同时,技术的不断发展也在逐渐缓解这些影响,使防蓝光技术在色彩表现方面的优化越来越好。

7.14 防蓝光技术对显示器色彩影响的评价指标

防蓝光技术对显示器色彩影响的评价指标可以帮助用户了解技术的效果以及在颜色表现方面的潜在影响。以下是一些用于评估防蓝光技术对显示器色彩的影响的常见评价指标。

(1)色彩准确性(color accuracy):这是最重要的指标之一。用以评估防蓝光技术是否会导致屏幕上的颜色偏离真实颜色。颜色准确性通常使用 Delta E(ΔE)值来衡量,ΔE 值越低表示颜色越准确。一般来说,ΔE 小于 2 的屏幕被认为是色彩准确的。

(2)色温调整(color temperature adjustment):评估技术是否提供了色温调整选项,以满足用户的个人偏好。用户可以选择较温暖(如黄光)或较冷(如蓝光)的色温。

(3)颜色饱和度(color saturation):检查技术是否降低了颜色的饱和度,导致屏幕上的颜色不再那么鲜艳。高质量的技术应该尽量保持颜色的饱和度。

(4)颜色平衡(color balance):评估技术是否保持了颜色的平衡,即白色和中性颜色是否看起来正常,而不是过于偏红或偏绿。

(5)色彩一致性(color consistency):检查屏幕上不同区域的颜色是否一致。防蓝光技术不应该引起颜色在屏幕上的变化或不均匀。

(6)灰度表现(grayscale performance):评估屏幕上不同灰度级别的表现,确保防蓝光技术不会引起灰度的不均匀或失真。

(7)反射和折射(reflection and refraction):检查技术是否引起光线的反射或折射,这可能会影响屏幕上的颜色表现以及视觉舒适度。

(8)适应性(adaptability):评估技术是否适用于不同类型的显示器,包括液晶显示器、OLED、LED等,以及不同品牌和型号的设备。

(9)用户反馈(user feedback):考虑用户的反馈和体验,用户是否报告颜色表现方面的问题,如颜色准确性、饱和度等。

在评估防蓝光技术对显示器色彩的影响时,最好查看产品的规格和性能报告,尤其是针对专业图形设计、摄影或色彩关键应用的用户。选择适合您需求的显示器和防蓝光技术时,要平衡颜色表现与蓝光辐射减少之间的权衡,以满足工作和娱乐的需求。

7.15 防蓝光技术的实用性评价和技术展望

防蓝光技术作为一种减轻蓝光对眼睛伤害的技术,已经得到广泛应用。但是,防蓝光技术的实用性评价和技术展望仍然需要进一步研究和探讨。

实用性评价方面,需要考虑防蓝光技术对于用户的实用性和用户体验的影响。例如,长时间使用电子设备的人,可能会因为防蓝光技术的影响而感到不适,影响用户的工作效率和生活质量。因此,需要评估防蓝光技术对于用户的实用性和用户体验的影响,以确定其是否真正适合用户群体。

1. 实用性评价

防蓝光技术在保护眼睛健康方面具有一定的实用性,但其实际效果和适用性需要综合考虑:

(1)舒适性提升:防蓝光技术可以降低长时间暴露于蓝光辐射带来的眼睛疲劳和不适感,提高用户的使用舒适性。

(2)生物节律调整:防蓝光技术可以帮助调整生物节律,特别是在晚上使用时可以减少蓝光对睡眠质量的影响。

(3)多场景适用:防蓝光技术适用于不同场景,如办公、学习、娱乐等,能够根据不同需求和环境进行调整。

(4)个性化设置:一些技术允许用户根据自己的需求进行个性化设置,以达到最佳的眼睛保护效果。

(5)专业应用考虑：在需要精准色彩表现的专业应用中，用户可以根据实际情况选择是否开启防蓝光功能。

2. 技术展望

技术展望方面，需要进一步研究防蓝光技术的未来发展方向。例如，随着技术的不断发展，防蓝光技术可能会采用更加先进的过滤技术，以减轻蓝光对眼睛的伤害。同时，防蓝光技术也可能会与其他技术相结合，形成更加完善的技术体系，以满足用户的需求。

防蓝光技术作为一种重要的技术，需要进一步的研究和探讨，以确定其是否真正适合用户群体，并推动技术的不断发展和创新。

防蓝光技术在不断发展中，未来可能会呈现以下趋势和技术展望。

(1)精细化调整：技术可能会越来越精细地调整色温、蓝光透过率等参数，以最大限度地降低蓝光危害的同时，保持良好的色彩表现。

(2)智能适应：防蓝光技术可能会越来越智能地根据环境光照和使用习惯进行自动调整，提供更优质的用户体验。

(3)多模式切换：技术可能会提供多种模式切换，适用于不同用途，如阅读模式、游戏模式等，以满足不同需求。

(4)结合其他技术：防蓝光技术可能会与其他眼睛保护技术结合，如护眼模式、自动亮度调整等，共同提供更全面的保护效果。

(5)科学研究推动：随着对蓝光危害的深入研究，未来可能会有更多科学依据来指导防蓝光技术的发展和应用。

(6)标准规范完善：随着防蓝光技术的普及，可能会出现更多针对色彩表现、实际效果等方面的标准规范，以帮助用户更好地选择合适的产品。

综合来看，防蓝光技术在保护眼睛健康方面具有重要意义，随着技术的不断进步和应用，其实用性将会进一步提升，同时也需要关注其对显示器色彩表现的影响，以实现更好的平衡。